LATIN-AMERICAN BOOK TRADE CONSULTANT

Directory of: *PUBLISHERS*
PRINTERS
LIBRARIES
BOOKSTORES

Prepared by:

Florencio Oscar Garcia

FOG Publications
ALBUQUERQUE

ISBN 0-929928-03-2

LATIN-AMERICAN BOOK-TRADE CONSULTANT
ISBN 0-929928-03-2

Albuquerque, FOG Publications, 1990
First edition

FOG Publications
413 Pennsylvania NE
Albuquerque, NM 87108

Printed in the
United States of America

PREFACE

From the Pampas, through Machu Picchu to the Gulf of Mexico, today´s Latin America houses more than 450 million people. Large and modern cities, stores and industry grow, in spite of inflation and external debts; huge market, is somehow not well known and explored.

This publication contains information about 23 countries related to the trade of books in the Spanish and Portuguese languages.

Publishers, printers, libraries and bookstores are represented. For each company, name, address, telephone and ISBN publisher identifier (when available) are also given.

For each country, capital, area, population and currency are listed besides the important cities and their populations.

The format of the book is designed as a ready-reference manual accessed by country, with a short table of contents.

The United States, with a Hispanic population equivalent to Peru (20.000.000) was included in the directory together with Spain and Portugal.

We hope that this work will contribute, even if a little bit, to a better understanding and mutual knowledge among countries of the area.

AKNOWLEDGEMENT

The author wishes to express deep appreciation to the persons who contributed to make this work possible. He gives special thanks for their encouragement and advice to Dr. Dick Gerdes and James W. Stuber from University of New Mexico ; Dr. Daniel C. Orey from California State University at Sacramento, and Mr Philip Schiever from the OCLC Comapany.

DEDICATED TO

Ursula Ruth (wife)
Daniel and Paul (children)

TABLE OF CONTENTS

Countries ordered by area: page 6
Countries ordered by population: page 7

COUNTRY (page numbers under each)
Info-Pubs-Prits-Lib-Bokts

ARGENTINA
8-9-13-15-16

BOLIVIA
19-20-22-24-25

BRAZIL
26-27-29-30-31

CHILE
33-34-36-38-39

COLOMBIA
41-42-44-46-47

COSTA RICA
49-50-52-54-55

CUBA
57-58-n/a-60-n/a

DOMINICAN REPUBLIC
61-62-64-65-n/a

ECUADOR
66-67-69-70-71

EL SALVADOR
73-74-75-77-78

GUATEMALA
80-81-83-85-86

HONDURAS
88-89-90-91-92

MEXICO
93-94-97-99-100

NICARAGUA
102-103-104-105-106

PANAMA
107-108-109-111-112

PARAGUAY
113-114-116-118-119

PERU
121-122-124-126-127

PORTUGAL
129-130-132-133-134

PUERTO RICO
136-137-139-140-141

SPAIN
143-144-146-147-148

UNITED STATES
150-151-152-153-154

URUGUAY
156-157-158-160-161

VENEZUELA
163-164-166-168-169

SOME CHARACTERISTICS OF THE COUNTRIES LISTED IN THIS DIRECTORY

a- Ordered by area

Country		Area (sq. Km)	ISBN Group Identifier
1-	United States	9,372,614	0
2-	Brazil	8,511,965	85
3-	Argentina	2,766,889	950
4-	Mexico	1,908,691	968
5-	Peru	1,285,216	84 (*)
6-	Colombia	1,141,748	958
7-	Bolivia	1,084,301	84 (*)
8-	Venezuela	912,050	980
9-	Chile	756,626	956
10-	Spain	499,542	84
11-	Paraguay	406,752	84 (*)
12-	Ecuador	263,950	9978
13-	Uruguay	176,215	84 (*)
14-	Nicaragua	120,254	----
15-	Honduras	112,088	84 (*)
16-	Cuba	110,860	----
17-	Guatemala	108,429	84 (*)
18-	Portugal	91,632	972
19-	Panama	77,082	84 (*)
20-	Costa Rica	51,100	9977
21-	Dominican Rep.	48,072	84 (*)
22-	El Salvador	21,393	84 (*)
23-	Puerto Rico	3,423	0 (*)

(*) Shared with other countries

b- Ordered by population

Country	Population	Density (per sq Km)
1- United States	243,249,000	26.2
2- Brazil	138,493,000	16.6
3- Mexico	81,153,256	42.3
4- Spain	38,668,319	77.3
5- Argentina	31,029,694	11.4
6- Colombia	27,867,326	24.4
7- Peru	20,207,100	16.1
8- Venezuela	18,272,157	20.6
9- Chile	12,536,383	16.8
10- Portugal	10,291,000	112.4
11- Cuba	10,245,913	92.8
12- Ecuador	9,922,514	37.7
13- Guatemala	8,195,000	77.5
14- Bolivia	6,611,351	6.1
15- Dominican Rep.	6,416,000	132.5
16- El Salvador	4,913,000	234.0
17- Honduras	3,826,200	36.1
18- Paraguay	3,807,000	9.6
19- Puerto Rico	3,273,600	365.4
20- Nicaragua	3,272,000	28.1
21- Uruguay	2,983,000	17.4
22- Costa Rica	2,460,226	54.4
23- Panama	2,274,448	29.5

Argentina

Capital City: Buenos Aires

Area: 2,766,889 sq Km

Population: 31,029,694

ISBN Prefix: 950-

Currency: Austral

One of the largest libraries

Sistema de Bibliotecas y de
Información de la Universidad de
Buenos Aires
Azcuénaga 280
1029 Buenos Aires
Tel. 47 6060
2,000,000 volumes

Information about book´s trade:

Cámara Argentina de Publicaciones
Reconquista 1011, 6o., Of. 1003
Buenos Aires
Tel. 311 6855

Main cities, towns (and population):

Buenos Aires (F.D.)	2,922,829
Cordoba	983,969
Rosario	957,301

P U B L I S H E R S

Abeledo Perrot S.A.E.I.
Lavalle 1280
1048 Buenos Aires
Tel. 35 2848
ISBN 950-20

Acme Agency S.A.C.I.F.
Suipacha 245 Piso 3
1008 Buenos Aires
Tel 46 1662
ISBN 950-566

Editorial Abril S.A.
Av. Belgrano 1580, Piso 4
1093 Buenos Aires
Tel 37 7355
950-10

Ada Korn Editora
Uruguay 651 Piso 8 H
1015 Buenos Aires
Tel. 784 6065
ISBN 950-9540

Aguilar Argentina S.A.
Balcarce 363
1064 Buenos Aires
Tel. 30 9897
950-511

Editorial Albatros S.A.C.I.
Hipólito Yrigoyen
3920
1208 Buenos Aires
Tel. 981 1161
ISBN 950-24

Arbó S.A.C.I.
Av. Martín García 653
1268 Buenos Aires
Tel. 362 0643
ISBN 950-9022

Ariel Seix Barral Argentina S.A.
Viamonte 1451
1055 Buenos Aires
ISBN 950-9122

El Ateneo (Pedro García) S.A.L.E.I.
Patagones 2459
1082 Buenos Aires
Tel. 942 9002
ISBN 950-02

Editorial Atlántida S.A.
Florida 643
1005 Buenos Aires
Tel 3115416
ISBN 950-08

Botella al Mar S.R.L.
Viamonte 2754 Piso 15
1213 Buenos Aires
Tel. 89 8073
ISBN 950-513

Editorial Corregidor S.A.I.C.I.E.
Corrientes 1583
1042 Buenos Aires
Æel.46 6116
ISBN 950-05

Espasa Calpe Argentina S.A.
Tacuarí 328
1071 Buenos Aires
Tel. 34 0073

Ediciones de la Flor S.R.L.
Anchoris 27
1280 Buenos Aires
Tel. 23 5529
ISBN 950-515

Editorial Galerna
Charcas 3741
1425 Buenos Aires
Tel. 71 1739
ISBN 950-556

Grijalbo S.A.
Av. Belgrano 1256
1093 Buenos Aires
Tel. 374940
ISBN 950-28

Editorial Hobby E. e I.S.C.A.
Constitución 2348
1254 Buenos Aires
Tel. 941 4255
ISBN 950-9047

Editorial Humanitas
Carlos Calvo 644
1102 Buenos Aires
Tel. 362 0746
ISBN 950-582

Editorial Kapeluz S.A.
Moreno 372
1091 Buenos Aires
Tel. 34 6451
ISBN 950-13

Editorial Legasa S.R.L.
Estados Unidos 629
1182 Buenos Aires
Tel.983 2492
ISBN 950-600

Editorial Losada S.A.
Moreno 3362
1203 Buenos Aires
Tel. 88 8608
ISBN 950-03

Editorial Paidos S.A.I.C.F.
Defensa 599 Piso 1
1065 Buenos Aires
Tel. 33 2275
ISBN 950-12

Editorial Plus Ultra S.A.
Callao 575
1022 Buenos Aires
Tel. 46 5092
ISBN 950-21

Editorial Redacción S.A.
Bme. Mitre 1970 Piso 2
1039 Buenos Aires
Tel. 46 7798
ISBN 950-9286

PRINTERS

A.B.R.N. Producciones Gráficas
Oyuela 438, Villa Domínico
Pcia. de Buenos Aires

Talleres de Impresión ARTE
Caseros 1551, Salta
4400 Salta

Artes gráficas San Miguel
Calle 45, esq. 44bis, La Plata
Pcia. de Buenos Aires

Astros Off-set
Periodista Prieto 701, Lanús
Pcia. de Buenos Aires

Adrogué Gráfica Editora
La Rosa 705
1846 Adrogué
Tel. 294 0457

Akián Gráfica Editora S.A.
Clay 2992
1426 Buenos Aires
Tel. 773 6245

Etlagráfica S.A.
San Juan 3212
1233 Buenos Aires
Tel. 97 1912

Multigráfica M.G. S.R.L.
25 de Mayo 381
5730 Villa Mercedes
San Luis

Quirón Tipográfica y Editora
Corrientes 2330 Piso 3 "314"
1046 Buenos Aires
Tel. 47 8950

Editorial Stilcograf S.R.L.
Pujol 1052
1405 Buenos Aires
Tel. 58 2115

Talleres Gráficos Scolnik S.A.I.C.
Av. Facundo Zuviría 4740
3000 Santa Fe
Tel. 30772

Tipográfica Editora Argentina S.A.
Lavalle 1430 Piso 1 C
1048 Buenos Aires
Tel. 40 5668

SELECTED LIBRARIES

Dirección Nacional de Bibliotecas Municipales (25 branches)
Calle Talcahuano 1261
1014 Buenos Aires
Tel. 44 3118
350.000 vol.

Biblioteca de la Comisión Nacional de Energía Atómica
Av. del Libertador 8250
1429 Buenos Aires
Tel. 70 7711
33.589 vol.

Biblioteca del Congreso de la Nación
Rivadavia 1850
1033 Buenos Aires
Tel. 40 9991
150.000 vol.

Biblioteca Nacional
México 564
1097 Buenos Aires
2.000.000 vol.

Biblioteca Mayor de la Universidad Nacional de Córdoba
Calle Obispo trejo y Sanabria 242
CC63 5000 Córdoba
150,000 vol.

BOOKSTORES (Buenos Aires)

Abeledo Perot (Law)
Lavalle no. 1328
Tel. 40-6126

Acaravaca (Corp. supply)
Bolivar no. 1478
Tel. 362-4487

Acción-Librería-Católica (Religious)
Av. de Mayo no. 624
Tel. 34-3956

Agropecuaria (Agro business)
Pasteur no. 743
Tel. 48-9825

Aizenman Librero Anticuario (Antiques)
Ayacucho no. 1743
Tel. 802-1569

Atlas Comercial S.R.L. (Business supply)
Bartolomé Mitre no. 839
Tel. 45-8921

Casa Krause S.R.L. (Technical supply)
Av. Paseo Colón no. 584
Tel. 331-5971

Casa Mario (Corp. supply)
Av. Juan B. Alberdi no. 6694
Tel. 687-3320

Ciudad Educativa (Ex Librería del Colegio)
Alsina no. 5ØØ
Tel. 3Ø-1389

De Salvo Hnos. (Drafting supply)
B. Irigoyen no. 276
Tel.334-1158

Editorial Piatti (Forms)
Lavalle no. 1392
Tel. 4Ø-9641

For Office S.R.L.
Yrigoyen no. 632
Tel. 3Ø-8328

Juan Matías S.R.L.
Salta no. 1417
Tel. 23-Ø768

El Ateneo, Pedro García (General)
Florida no. 34Ø
Tel. 46-68Ø1

Librería Diagonal (Corp supply)
Talcahuano no. 364
Tel. 4Ø-5488

Librería Fray Mocho (Plays)
Sarmiento no. 1832
Tel. 45-6646

Librería Galerna (English, Sociology)
TucumAn no. 1427
Tel. 45-9359

Librería Mitre (Technical books)
B. Mitre no. 2Ø32
Tel.953-5856

Librería Peluffo (Rubber Stamps)
Av. Corrientes no. 4276
Tel. 86-2164

Librería Rodriguez (English, Tapes)
Florida no. 971
Tel. 311-3779

Librería Técnica CP 67(Architect., Computers)
Florida no. 683
Tel. 393-6303

Librería Universitaria (Medicine, Pharmacy)
Paraguay no. 2074
Tel. 83-8288

Milberg Librería Hebrea (Hebrew)
Lavalle no. 2223
Tel. 47-1979

Papel Shop (Corp. supply)
Av. Pueyrredon no. 658
Tel. 961-0994

Peuser Once (School, Catography)
Rivadavia no. 2718
Tel. 87-7306

Sociedad Biblica Argentina (Bible)
Tucumán no. 358
Tel. 312-8558

Bolivia

Capital City: La Paz

Area: 1,Ø84,391 sq Km

Population: 6,611,351 (1986)

ISBN Prefix: 84- (general area)

Currency: **Boliviano**

One of the largest libraries:

Biblioteca de la Dirección General de Cultura
Dpto. de Inspección Cultural y
Biblioteca, Alcaldía Municipal
Casilla 1856, La Paz
13Ø,ØØØ volumes

Information about the book´s trade:

Cámara Boliviana del Libro
Edificio Las Palmas
Av. 2Ø de Octubre 2ØØ5
Casilla 682, La Paz
Tel. 32 7Ø39

Main Cities, towns (and population)

La Paz	1,Ø13,688
Santa Cruz de la Sierra	577,8Ø3
Cochabamba	36Ø,446

P U B L I S H E R S (La Paz)

Daza Bustos Rosario
C. Cuba 1102
Tel. 35 5646

Editora Presencia Ltda.
Av. Mrcal. Sta. Cruz, Ed. Esperanza
Tel. 37 2343

Editorial Aplographic
C. Castro 1510
Tel. 35 4321

Editorial Lux
Av. Mrcal. Sta. Cruz, Ed. Esperanza
Tel. 32 9102

El Diario
C. Loayza 118
Tel 35 6835

Empresa Editora Khana Cruz S.R.L.
Av. Camacho 1372
Tel. 37 0416

Emresa Editora Siglo Ltda. Hoy
Av. 6 de Agosto 2170
Tel. 35 8720

Euroamericana S.R.L.
C. Diaz Romero 1597
Tel. 34 3815

Hispania S.R.L.
Av. Arce 2031. P.1 Dpto.1
Tel. 35 4835

Imporlibro Ltda.
Av. Villazón 1960, 3er. P.
Tel. 34 2485

Imprenta Larrea & Cia.
C. Federico Zuazo 1913
Tel. 32 3650

Offset La Paz
C. 2 80 Loa Pinos
Tel. 79 3024

Rafael Quiroga Chirveches
C. Comercio 1341
Tel. 32 9684

P R I N T E R S (La Paz)

Benavides Varela Mario
c. Colón 439
Tel. 32 Ø692

Editora Litografía Selecta
Bolivar 78Ø
Tel. 32 5854

Editorial e Imprenta Crítica S.R.L.
c. Cuba 1852
Tel. 35 4969

Editorial e Imprenta Letras
c. Yanacocha 712
Tel. 37 6Ø22

Editorial Illimani
Pl. Murillo 413
Tel.32 7183

Editorial Universo
c. Ingavi 874
Tel. 35 1745

Edobol-Editorial Offset Boliviana
2Ø de Octubre/Otero de la Vega
Tel. 32 8448

Empresa Editora Urquiza Ltda.
c. Puerto Rico s/n
Tel. 32 1Ø7Ø

Empresa Khana Cruz Ultima Hora
Av. Camacho s/n
Tel. 37 21Ø3

Filograf Ltda.
c. Gustavo Medinacelli 2268
Tel. 35 8168

García García Aurelio
c. Colón 466
Tel. 32 9521

Guzmán Calderón Bernardino
c. Sucre 1407
Tel. 36 4914

Imprenta "Crítica"
Calle Cuba 1852, Miraflores
Tel. 35 4647

Industria Offset Color S.R.L.
c. Indaburo 1184
Tel. 35 7653

Imprenta Editorial El Siglo
c. Junín 744
Tel. 32 9865

Imprenta Librería Rumbos
c. Juan José Perez 284
Tel. 32 8145

Imprenta Ramirez
c. Potosí/Loayza, Ed. Naira
Tel 35 2573

Imprenta San Carlos
c. Colón 555
Tel. 34 0008

SELECTED LIBRARIES

Biblioteca Central Universitaria
"José Antonio Arze"
Av. Oquendo esq. Sucre
Casilla 992, Cochabamba
Tel. 25506
48,552 vols.

Biblioteca del Congreso Nacional
Palacio Legislativo La Paz
15,000 vols.

Biblioteca del Instiruto Boliviano de Estudio y Acción Social
Av. Arce 2147
La Paz
12,000 vols.

Bibliotaca Municipal ´Ricardo Jaime Freires´
Potosí
30,000 vols.

Biblioteca y Archivo Nacional de Bolivia
Calle Bolivar
Sucre
150,000 vols.

BOOKSTORES (La Paz)

Librería El Ateneo
Ballivián no. 1275 Ed. Arzobispado
Tel. 36-9925

Librería Gisbert y Cia.
Comercio no. 1270
Tel. 35-1001

Librería La Paz
Colón no.618
Tel. 35-3323

Librería MARGUS
Ayacucho no. 421 (frente Correo)
Tel. 36-4672

Librería Papelería Olimpia
Central c. Ingavi no. 1051
Tel. 35-1781

Librería Papelería Velar Ltda.
Indaburo no. 1093 esq. Junín
Tel. 35-8862

Librería Papelería Colón
Illiampú no. 783
Tel. 34-1341

Los Amigos del Libro
Mercado no. 1321
Tel. 35-8164

Martinez Achini Ltd. Libros
Av. Arce no. 2132 Ed. Illiampú
Tel. 35-7722

Brazil

Capital City: Brasilia

Area: 8,511,965 sq Km

Population: 138,493,000 (1986)

ISBN Prefix: 85-

Currency: Cruzeiro

One of the largest libraries:

Biblioteca Central. Universidad de Brasilia
Campus Universitario. Asa Norte.
70910 Brasilia D.F.
491,000 volumes

Information about the book´s trade:

Cámara Brasilera do Livro
Av. 13 de Maio 23, 16o., 20031
Rio de Janeiro, RJ
Tel. (021) 232 7173

Main cities, towns:

São Paulo	10,063,110
Rio de Janeiro	5,603,388
Bello Horizonte	2,114,429

PUBLISHERS

Editora Abril S.A.
Av. Octaviano Alves de Lima 4400
01000 São Paulo
Tel. (011) 266 0011

Editora Alfa Omega Ltda.
Rua Lisboa 500
05413 São Paulo
Tel. (011) 852 6400

Almeida Neves Editore Ltda.
Rua da Gloria 366
20241 Rio de Janeiro
Tel. 021 292 2177

Berlandis y Vertecchia Editrores Ltda.
Rua Paulo Barreto 90
22280 Rio de Janeiro
Tel. (021) 286 3549

Editora do Brasil S.A.
Rua Conselheiro Nebias 887
01203 São Paulo
Tel. (011) 222 0211

Editora Brasilense S.A.
Rua General Jardin 160
01223 São Paulo
Tel. (011) 231 1422

Casa Editore Vecci S.A.
Rua do Rosende 144
Rio de Janeiro

Editora Científica Ltda.
Pca. Varnhagem 7, Loja 0
20511 Rio de Janeiro

Editora Comunicaçâo
Rua Tobias Barreto 255 nOva Suiça
30000 Bello Horizonte
Tel. (031) 332 0641

Editora Delta S.A.
Av. Almirante Barroso 63 26 andar
20031 Rio de Janeiro
Tel. (021) 240 0072

Difusâo Cultural do Livro Ltda.
Rua Fortaleza 53
01325 Sâo Paulo
Tel. (011) 37 9123

Editora Ground Ltda.
Rua Franca Pinto 386
04016 Sâo Paulo
Tel. (011) 572 4473

Editora Labor do Brasil
Rua Buenos Aires 104, 1 andar
Rio de Janeiro GB

Editora Larousse do Brasil
Av. Almirante Barroso 63
26 andar Sala 2609
Rio de Janeiro GB

Editora MacGraw-Hill do Brasil
Rua Tabapua 1105
04533 Sâo Paulo
Tel (011) 883 1518

Editora Vozes Ltda.
Rua Frei Luis 100
25600 Petropolis
Tel. (0242) 43 5112

P R I N T E R S

Amerigraf
Av. Rio Bronco 156 Gr 1537
Rio de Janeiro, RJ

Centro Grafico Comercial
Rua Concelheiros Saravia 35
Centro, Rio de Janeiro
Tel. 252 222Ø

Empres Grafica Journalista Horizonte Ltda.
SIG (Sector de Industrias Gráficas)
Brasilia DF
Quadra Ø1' 345355
Tel. 223 235Ø

Grafica e Editora Dior Ltda.
Rua Arístedes Lobo 1Ø6
Rio de Janeiro
Tel. 273 9848

Horizonte Editorial Ltda.
SIG (Sector Industria Grafica)
Ø1/375-85-96
Brasilia DE
Tel 223 245Ø

Palloti
Av. Pinio Brasil Milano 2145
Porto Alegre RS
Tel. 41 Ø455

Sioge
Rua Antonio Rayol 5Ø5
Sâo Paulo
Tel. 222 5744

SELECTED LIBRARIES

Biblioteca do Exército
Esplanada dos Ministérios
Bloco 4
70040 Brasilia DF
45,000 vols.

Biblioteca do Ministerio da Justiça
Esplanada dos Ministérios,
Térreo
70064 Brasilia DF
130,000 vols

Centro de Documentaçâo e Informaçâo dos Deputados
Palácio do Congresso Nacional
Praça dos Trés Poderes
70160 Brasilia DF
400,000 vols.

Biblioteca Pública de Minas Gerais
Praça de Liberdade 21
30000 Bello Horizonte
204,000 vol.

Biblioteca Municipal Mário de Andrade
Rua Consoloçáo 94
Sâo Paulo SP
451,911 vols.

Biblioteca George Alexander
Rua Itambé 45
Sâo Paulo SP
67,883 vols.

<u>B O O K S T O R E S</u> (Brasilia)

<u>A Casa do Livro de Brasilia Ltda.</u>
SDS Ed. Venâncio VI lj3
Tel. 224-3472

<u>Livraria Antiguario Brasilia Ltda.</u>
CLS 1Ø8 blAlj5
Tel. 244-Ø56Ø

<u>Libraria Brasileira Ltda.</u>
CLS 3Ø9 blAlj11
Tel. 242-8596

<u>Livraria Cultura Brasiliense Ltda.</u>
SCS Q Ø1 blLs3Ø2
Tel. 224-6974

<u>Livraria Dinâmica</u>
SRTN Ed. BSB R Center lj18Ø
Tel. 225-2975

<u>Livraria Guadalcanal Ltda.</u>
SRTN Ed. BSB R CEnter lj18Ø
Tel. 225-1Ø89

<u>Livraria Presença</u>
SDS Cine Atlàntida Lj11
Tel. 225-5475

<u>Moster Importadora e Exportadora Ltda.</u>
SDN CNB 2aets5Ø6Ø
Tel. 225-5653

ADL Alexandre Dist. (Science)
CLN 1Ø8 blDs2Ø3
Tel. 274-8156

Livraria Guanabara (Science)
SCS qd2 Ed. Maristela s13Ø2
Tel. 226-7943

Thot Livraria Esotérica Ltda. (Science)
SDS Centro Coml. Conic lj 1Ø
226-86Ø7

Couto Pedro F (Law)
SCS Q Ø1blLs213
Tel. 224-9533

Livraria Acadêmica Ltda. (Law)
SDS ED Venâncio VI lj23
Tel. 223-31Ø2

Catavento Distribuidora Livros S.A. (Distributor)
CLS 415 blClj22/26
Tel. 242-5837

Círculo Livro S.A. (Distributor)
SCS Q Ø8 blB-6Øs345
Tel. 225-8383

Chile

Capital City: Santiago de Chile

Area: 756,626 sq Km

Population: 12,536,383

ISBN Prefix: 956

Currency: Peso Chileno

One of the largest libraries:

Biblioteca Nacional de Chile
Av. B. O'Higgins 651
Clasificador 1400
Santiago
Tel. 38 3206

Information about the book's trade:

Cámara Chilena del Lobro AG
Ahumada 312, Of. 806, Casilla 13526
Santiago
Tel. 698 9519

<u>Main cities, towns (and population)</u>

Gran Santiago (including suburbs)	4,318,305
Viña del Mar	315,947
Valparaiso	267,025

P U B L I S H E R S (Santiago)

Arrayán Editores S.A.
Av. Santa María 1898
Tel. 49 6428

Cochrane S.A.
Av. Providencia 727
Tel. 225 8888

ConoSur Ltda.
Fanor Velasco 16
Tel. 71 8018

Didascalia Chile
A. Isidora Goyenechea 2907
Tel. 232 4307

Ediciones Occidente S.A.
Vicvuña Mackenna 455/68
Tel. 34 1514

Ediciones Pedagógicas Chilenas S.A.
Sta. Magdalena 187
Tel. 232 3449

Ediciones S.M. Chile S.A.
Gran Avenida J. M. Carrera 3660
Tel. 556 9458

Editorial Andres Bello
Av. R. Lyon 946
Tel. 223 4565

Editorial Difusión Limitada
María Luisa Santander 0240
Tel. 223 2518

Editorial Gutavo Gili Ltda.
Av. Vicuña Mackenna 462
Tel. 222 4567

Editorial Isla Negra
Av. Pedro de Valdivia 1620 Providencia
Tel. 223 8031

Editorial Mediterraneo Ltda.
Av. Independencia 1027
Tel. 77 2799

Editorial Océano de Chile S.A.
Eliodoro Yaañez 1032, Providencia
Tel. 49 4342

Editorial Planeta Chilena S.A.
Olivares 1229, Piso 4o.
Tel. 72 6379

Editorial Tiempo Presente Ltda.
Almte. Pastene 329
Tel. 225 8630

Editorial Universitaria
M. L. Santander 0447
Tel. 223 4555

Empresa Editora Pincel Ltda.
Av. Holanda 1543
Tel.274 6521

Empresa Editora Zig-Zag S.A.
Holanda 1585, Providencia
Tel. 223 4675

Salvat Editores Chilena S.A.
Orrego Luco Norte 26
Tel. 231 8081

P R I N T E R S

Abaco S.A.
Seminario 663
Tel. 222 9244

Abarca Hnos. Ltda.
Geral. Roca 1733
Tel. 77 2694

Alguero Ltda.
Berlín 791
Tel. 551 2877

Arauco
Buen Orden 1025
Tel.37 7576

Cabo de Hornos S.A.
Ricanten 318
Tel. 222 7312

Cegra Centro Gráfico
Sotomayor 22
Tel. 9 6937

Cochrane S.A.
Av. Providencia 727
Tel. 225 8888

Constitución
Constitución 28
Tel. 77 5865

Editora e Impresora Isla de Pascua S.A.
Chacabuco 511
Tel. 9 5619

Encuadenación e Imprenta Torres
Miguel Claro 89
Tel. 225 1674

Envases Ivros
Nataniel Cox 1435
Tel. 555 3554

Femar Impresores
Carmen 1275
Tel. 555 3284

Gráfica Izurieta Limitada
Sarmiento 663
Tel. 222 9244

Imprenta Gutenberg
Almirante Barroso 790
Tel. 699 1140

Imprenta Italiana Ltda.
Alcerreca 1480
Tel. 73 9168

Imprenta Lorca Hnos. Ltda.
Estado 2794
Tel. 73 4041

Imprenta Oliver
San Martín 106
Tel. 696 8060

Imprnta Optima Ltda.
Carmen 637
Tel. 222 5644

Impresos La Nación
Agustina 1269
Tel. 698 2222

SELECTED LIBRARIES

Archivo Nacional
Miraflores No. 50
Santiago
Tel. 381589

Biblioteca Central de la Universidad de Chile
Calle Arturo Prat 23, Casilla 10-D
Santiago
200,000 vols.

Biblioteca del Congreso Nacional
Edificio del Congreso Nacional
Compañía 1175, 2o. Piso
Clasificador Postal 1192
Santiago
Tel.71 5331
800,000 vols.

Universidad de Concepción. Dirección de Bibliotecas
Barrio Universitario, Casilla 1807
Concepción
300,000 vols.

Biblioteca Central Universidad Austral de Chile Casilla 39-A
Valdivia
82,000 vols.

B O O K S T O R E S (Santiago)

Alicia Abarca Fernandez (Technical)
San Antonio no. 459, Loc. 22
Tel. 39-8761

Abate (School, Tecnical, Corporation)
Franklin no. 1215
Tel. 555-2588

Barlovento Ltda.
San Antonio no.486, Loc. 468-B
Teel. 39-8415

Central Librería (Business)
Agustinas no. 1161, Local 9
Tel. 696-4447

Colón Librería (School)
Compañía no. 1037
Tel. 698-7669

Cruzada de Literatura Cristiana (Religious)
Amunategui no. 57
Tel. 696-7786

El Colegial (School)
Av. 10 de Julio no. 173
Tel. 222-5753

Feria Chilena del Libro (General)
Hurérfanos no. 623
Tel. 39-6758

Graphika (National and Foreign)
Agustinas no. 1015
Tel. 72-8055

Grijalbo y Cia. Ltda. (Literature & General)
Almirante Barroso no. 27
Tel. 72-3027

KLIP (Art & Corporations)
Metro Estación República
699-1950

La Oficina (Corporations)
Agustinas no. 1161, Loc. 12
Tel. 71-8384

Librería Andrés Bello (Law, Science, Art)
Huérfanos no. 1158
Tel. 72-2116

Librería Estado (Office, drafting)
Santa Rosa no. 239
Tel. 39 4815

Librería La Mercantil (Office)
Agustinas no. 1121
Tel. 696 1019

Librería Nacional (Technical & Art)
Estado no. 120
Tel. 71 5641

Librería Platero Ltda. (Text & General)
Catedral no. 1083, Local 33
696 5884

Mundi libros (Technical, College, etc)
Bandera no. 521, Loc. 32
Tel. 6992146

Colombia

Capital City: Bogotá

Area: 1,141,748 sq Km

Population: 27,867,326 (1985)

ISBN Prefix: 84- and 958-

Currency: Peso Colombiano

One of the largest libraries:

Biblioteca Nacional de Colombia
Calle 24 no. 5-60, Apdo. 27600
Bogotá
Tel. 241 4029
550,000 volumes

Information about the book´s trade:

Cámara Colombiana de la Industria
Editorial
Carrera 17A, No. 37-27
Apdo. aéreo 8998
Bogotá
Tel. 288 0023

Main cities, towns (and population)

Bogota (DE)	3,982,941
Medellin	1,468,089
Cali	1,350,565

P U B L I S H E R S (Bogotá)

Aspim Editores
Calle 59 no. 10-60, of.350
Tel. 211 5365

Bibliografía Editores Ltda.
Calle 63 no. 11-45
Tel. 255 0161

Cámara Colombiana de la Industria Editorial
Cr 7 17-51 of. 410
Tel. 382 1117

Colatina
Cr. 16-A 28-51
Tel. 245 7440

Compañía Latinmoamericana de Ediciones
Av., Jmz 10-34 of. 409
Tel.242 4137

Contextos Gráficos
Av. Jmz. 6-77, of. 608
Tel. 283 8479

Diccionario de Especialidades Farmacéuticas
Carrera 18 no. 93-90
Tel. 236 1661

Ediciones Andina Ltda.
Cra. 10 no. 15-39
Tel.243 6548

Ediciones Larouse Colombiana Ltda.
Cl. 65 no. 5-50
Tel. 249 5475

Edinter Colombiana Ltda.
Calle 19 no. 6-21 P 4
Tel. 242 1431

Editora Pargo y Cia. Ltda.
Cr. 9 74-08 of. 503
Tel. 211 6400

Editorial Colombia Nueva Ltda.
Carrera 34 no. 9-19
Tel. 247 2788

Editorial El Globo S.A.
Calle. 16 no. 4-96
Tel. 281 0242

Editorial Kapelusz Colombiana S.A.
Calle 70A no. 11-10
Tel. 212 8842

Editorial Labor Colombiana Ltda.
Carrera 16 no. 30-25
Tel. 287 0381

Editorial Mc-Graw Hill Latinoamericana
Transversal 52B no. 19-77
Tel. 268 2700

Medios Modernos Editores Ltda.
Cl. 13 8-23 of. 801
Tel. 283 6484

Publicar S.A. (Revista Proa)
Cl. 40 19-52
Tel. 245 6447

PRINTERS (Bogotá)

Asociación Buena Semilla
Tr. 17 1-53
Tel 233 1267

Contreras Impresores
Carrera 17 34-63
Tel. 285 0241

Editorial Printer Colombiana
calle 64 no. 88A-30
Tel. 223 3015

Gráfica José Kique Ltda.
Tr. 15 69-95
Tel. 249 7976

Gráfica Marco A. Gutierrez
Calle 17 16-91
Tel. 285 7463

Gráficas Procela Ltda.
Av. 68 37A-20S
Tel. 230 7361

Gráfica Yoli
Calle 80 no. 15-42
Tel. 257 7159

Imprenta Cartelera Visible
Calle 13 15-53P-2
Tel. 241 9853

Imprenta Mercedes Ltda.
Carrera 13 no. 13-65
Tel. 282 6993

Imprenta Recol
Calle 68 778-55
Tel. 251 oo26

Italgraf
Carrera 13 no. 17-75 Int.7
Tel. 241 6531

Lito Moderna Ltda.
Carrera 23 128-54
Tel. 247 5Ø79

Tann Ltda.
Apartado 172 Envigado Antioquia
Tel. 51 2427

Tipografía Don Quijote
Carrera 14 43-41
Tel. 245 8348

Tipografía M. Bello
Calle 13 2-8Ø
Tel. 281 4224

Tipografía Velasquez Ltda.
Calle 1Ø 7-47
Tel 233 6846

Unigraf Ltda.
Diagonal 53 15-33
Tel. 285 1247

SELECTED LIBRARIES

Archivo Nacional de Colombia
Calle 24 No. 5-60, 4o. Piso
Bogotá
Tel. 41 6015
40,600 vols.

Biblioteca Central de la Universidad Nacional de Colombia
Ciudad Universitaria, Apdo. Aéreo 14490
Bogotá
Tel. 269 1743
140,000 vols.

Biblioteca Pública Piloto de Medellín
Carrera 64 con Calle 50-32
Apdo Aéreo 1792
Medillín
Tel. 230 2422
85,000 vols.

Departamento de Bibliotecas. Universidad de Cauca
Apdo. Nacional 113, Calle 5 No. 4-70
Popayán
Tel. (939) 4119
40,000 vols.

Biblioteca Pública Municipal
Calle 23 No. 20-30
Manizales
Tel. (9688) 31697
6,959 vols.

B O O K S T O R E S (Bogotá)

Beníṭez
Calle 63 no. 13-07
Tel. 235 5354

Casa del Libro
Calle 18 no. 6-43
Tel. 243 2668

Cultural Colombiana
Calle 72 no. 16-15/21
Tel. 248 3236

IGAR
Av. Jiménez no. 1058
Tel. 243 9691

Distribuidora Bruguera Colombiana Lyda.
Calle 20 no. 42C 43
Tel. 268 2563

Ediciones Donato Ltda.
Carrera 17 no. 57-27
Tel.212 9792

El Mundo del Libro
Calle 2 no. 28-26, Sta. Isabel
Tel. 247 1861

Eurolibros Ltda.
Calle 13 no. 7-40 P-2
Tel. 242 7885

Linrería del Ingeniero
Av. Jiménez no. 7-45
Tel. 241 2507

Librería El Angel
Av. 116 no. 18-17
Tel. 213 0212

Librría Estelar
Carrera 10 no. 20-10
Tel. 243 3688

Librería Jurídica Radar
Cr6 14-16 of. 208
Tel. 284 5957

Librería Nacional Ltda.
Cra. 7a. no. 17-51
Tel. 284 4546

Librería Salesiana
Carrera 5 no. 8-31
Tel. 242 2452

Librería y Papelería Escolar
Calle 47 no. 13-21
Tel. 232 8597

Libros Médicos Asociados
Cl. 60A no. 13-78 Of. 305
Tel. 252 0268

Mercadeo Bibliográfico Ltda.
Calle 59 no. 17-48
Tel. 212-6080

Costa Rica

Capital City: San José

Area: 51,100 sq Km

Population: 2,460,226 (1984)

ISBN Prefix: **9977**

Currency: **Colón Costarricense**

One of the largest libraries:

Biblioteca Luis Demetrio Tinoco
de la Universidad de Costa Rica
San José
Tel. 53 6152
300,000 volumes

Information about the book´s trade:

Cámara Costarricense del Libro
San José

Main cities, towns (and population):
(Departments)

Alajuela	429,623
Cartago	316,379
Guanacaste	227,325

P U B L I S H E R S

Ariel Seix y Barral Centroamericana
1007 Centro Colón
Tel. 607

Consejo Editorial Latinoamericano S.A.
1002 Esttudiantes
Tel. 751

Dei-Departamento Ecumenico de Investig.
Apartado Postal 390 - 2070 Sebarilla
Tel. 53 0229

Ediciones Limari
1000 San José
Tel. 7340

Editora Ancón S.A.
1000 San José
Tel. 3719

Editora Aportes para la Educación
1009 Fecosa
Ŏel. 103

Editorial Bancaria y Comercial S.A.
1000 San José
Tel. 7 1900

Editorial Fernandez
1000 San José
Tel. 6523

Editorial González Porto S.A.
1000 San José
Tel. 4660

Editorial Graphos R.L.
2070 Sabanilla
Tel. 132

Editorial Istmo S.A.
1000 san José
Tel. 5008

Editorial Nuevo Campo S.A.
4400 Ciudad Quesada
Tel. 125

Editorial Pomaire
1250 Escazú
Tel. 26

Editorial Presbere
1000 San José
Tel. 7247

Editorial Texto
1000 San José
Tel. 2988

Editorial Volcán
1000 San José
Tel. 1697

Impresores Técnicos Intecasa S.A.
Apartado 288 2050 San Pedro
Tel. 25 7764

Librería Bautista de San Pedro S.A.
2050 San Pedro M. de O.
Tel. 285

Revista Viajes S.A.
1000 San José
Tel. 7670

PRINTERS

Acosta S.R.L.
Costado Este Cine Chassoul
San Ramón Alajuela
Tel. 45 5Ø12

Casa Gráfica Ltda.
1ØØØ San José
Tel. 45

Grafo Print S.A.
21ØØ Guadalupe
Tel. 257

Excelsior
Apartado 386 - 73ØØ Limón C.R.
Tel. 58 Ø359

Imprenta Aguilera
1ØØ2 P. Estudiantes
Tel. 6Ø7

Imprenta Argentina S.A.
1ØØØ San José
Tel. 8Ø65

Imprenta Litoim S.A.
212Ø San Francisco de Goicoechea
Tel. 83

Imprenta Modelo
1ØØØ San José
Tel. 49Ø9

Imprenta Nacional
1ØØØ San José
Tel. 5Ø24

Imprenta Rosoba
1000 San José
Tel. 1 0088

Imprenta Torres Ltda.
1000 San José
Tel. 4293

Imprenta y Litografía Itasa
c. 11 Av. Ctl. y 1 no. 57 N.
Tel. 22 0991

Imprenta y Litografía Escazú
1250 Escazú
Tel. 263

Imprenta Ibarra Ltda.
1000 San José
Tel. 6728

Imprenta Zabaleta S.A.
7050 Cartago
Tel. 233

Litografía Imprenta Contemporánea
Aprtado 820 - 1000 San José
200 Este 200 Norte Parque Guadalupe
Tel. 24 7463

Sarría y Urroz S.A.
1007 Centro Colón
Tel. 292

Trejos Hnos. Sucs S.A.
1000 San José
Tel. 1 0096

S E L E C T E D   L I B R A R I A S

Archivo Nacional de Costa Rica
Calle 7, Av. 4, Apdo. 10217
San José 1000
Tel. 21 1758
9,000 vols.

Biblioteca del Centro Cultural Costarricense-Norteamericano
Apdo. 1489 San José
Tel. 25 9433
8,000 vols.

Biblioteca del Ministerio de Relaciones Exteiores
Calle 11 a 7
San José
12,500 vols.

Biblioteca Nacional
Apdo. 10008, Calle 5.
Avdas.1/3 San José
175,000 vols.

Departamento de Servisios Bibliotécarios. Documentación e Información de la Asamblea Legislativa
Apdo. Postal 75
San José
Tel.23 0044
35,000 vols.

B O O K S T O R E S (San José)

Apple
Centro Comercial Yaohan
Tel. 55 4567

Artes Gráficas de Centro América S.A.
Colima
Tel. 35 8809

Case's Book Exchange
c ctl a 7 y 9
Tel 21 7995

Ediciones Españolas Ltda.
c 8 y 10 a 3 Heredia
Tel. 37 6231

Editora Volcán S.A.
c 5 y 7 a ctl
Tel. 22 0882

Editorial González Porto S.A.
a 1 950
Tel. 22 2407

Euroamericana de Ediciones
of c35 a 10 y 12
Tel. 25 3336

Grolier International Inc.
c 5 y 7 a ctl
Tel. 33 6427

Kiosco de la Lectura
Sabana S.
Tel. 31 5076

La Casa de las Revistas S.A.
c 5 a ctl y 2
Tel. 22 6218

Librería Ayola S.A.
Centro Comercial Plaza del Sol
Tel. 25 6093

Librería Católica
c 1 a 2 y 4
Tel. 22 5729

Librería Cultural Costaricense (Larouse)
Apartado 6333 (1000) San José
Tel. 32 4771

Librería Lehman
c 1 y 3 a ctl
Tel. 23 1212

Orientación Educativa en su Hogar
c 5 y 7 a ctl
Tel. 21 2110

Periódicos Internacionales
Centro Comercial Yaohan
Tel. 55 4567

Staufer S.A.
c 37 a 3
Tel. 24 5170

The Book Shop S.A.
a 1 c 1 y 3
Tel. 21 6847

Cuba

Capital City: **La Habana**

Area: **110,860 sq Km**

Population: **10,245,913 (1986)**

ISBN Prefix: **----**

Currency: **Peso Cubano**

One of the largest libraries:

> Biblioteca Nacional ´José Martí´
> Apdo oficial no. 3
> Av. de Independencia e/20 de Mayo
> y Aranguren, Plaza de la Revolución
> José Martí
> Havana
> Tel. 70 8277

Information about the book´s trade:

> Instituto Cubano del Libro
> Palacio del Segundo Cabo
> Calle O´Reilly No. 4 esquina a Tacón
> Havana
> Tel. 6 8341

<u>Main cities, towns (and population):</u>

Las Habana (Havana)	2,036,799
Santiago de Cuba	364,554
Camaguey	265,588

P U B L I S H E R S

Academia de Ciencias de Cuba, Instituto de Investigaciones Tropicales
Santiago de las Vega.
La Habana

Asociación Cubana de las Naciones Unidas
C. J y 25, Vedado,
La Habana

Biblioteca Nacional José Martí
Pl. de la Revolución 3, Ado. Of. 3
La Habana
Tel. 7 3613

Cámara de Comercio
C. 21 7Ø1
La Habana

Casa de Las Américas, Dep. de Teatro
G y Tercera, el Vedado 3, La Habana

Central Committee of the Communist Party of Cuba
Av. Suarez y Territorial, Plaza de la Revolución, La Habana

Centro Técnico Superior de la Construcción
Av. de Bélgica 258 entre Animas y Neptuno
La Habana

Cubartimpex
Apdo. 654Ø
La Habana

Cultural S.A.
Apdo. 6Ø5
La Habana

Ediciones Cubanas
O'Reilly 4Ø7, Apdo. 6Ø5
La Habana

Editorial de Ciencias Sociales
Calle 14 no. 41Ø4, Playa
La Habana

Editorial Política
Av. Política 22Ø2, PLaya
La Habana

Fuerzas Armadas Revolucionarias
Av. de Independencia y San Pedro
Apdo 6916, La Habana

Instituto Cubano del Libro
Belascoain 864, Apdo. 654Ø
La Habana

Porto Gonzalez Editorial
Obispo 4Ø9
La Habana

PRINTERS and BOOKSTORES

(NOT AVAILABLE)

SELECTED LIBRARIES

Biblioteca Central ´Rubén Martínez Villena´ de la Universidad de la Havana
Vedado. Havana 4
Tel. 75 573
626,868 vols.

Biblioteca del Instituto de Literatura y Linguística
Salvador Allende 710
Havana
61,083 vols.

Biblioteca ´José Antonio Echeverría´
Casa de las Américas
Tercera y G, Vedado
90,000 vols.

Biblioteca Provincial ´Rubén Martínez Villena´
Obispo 160, esq. Mercaderes y San Ignacio
Edif. MINED, Havana
Tel. 62 2364
85,627 vols.

Biblioteca Provincial ´Elvira Cape´
Calle Heredia 259
Santiago de Cuba, Oriente
114,800 vols.

Dominican Rep.

Capital City: Santo Domingo

Area: 48,072 sq Km

Population: 6,416,000 (1986)

ISBN Prefix: 84 (shared)

Currency: Peso Dominicano

One of the largest libraries:

Biblioteca Nacional
Cesar Nicolás Penson
Santo Domingo
154.000 volumes

Information about the book´s trade:

Cámara Americana de Comercio de la República Dominicana
Av. Independencia, San Domingo, DN
Tel. 533 7292

Asociación Dominicana de Bibliotecarios Inc. (ASODOBI)
c/o Biblioteca Nacional
Plaza de la Cultura, Cesar Nicolás Pensón 9 Santo Domingo
Tel. 688 4086

<u>Main cities, towns (and populatios):</u>

Santo Domingo	1,313,172
Santiago dse los Caballeros	278,638
La Romana	91,571

P U B L I S H E R S

Ahora Publicaciones
San Martín 236, Apdo 1402
Santo Domingo
Tel. 565 5581

Arte y Cine
Isabel la Católica 42
Santo Domingo

Asociación Médica de Santiago
Apartado 445
Santiago de los Caballeros

Banco Central de la República Dominicana
Santo Domingo

Biblioteca Nacional
César Nicolás Penson 136
Santo Domingo

Cámara Oficial Nacional de Comercio, Agricultura e Industria del Distrito Nacional
Arzobispo Nouel 52
Santo Domingo
ISBN 848 9533

Editorial Dominicana
Mercedes 45-49
Santo Domingo
Tel. 9-6293

Ediciones Tolle Lege
Max Enriquez Ureña 50
Santo Domingo
ISBN 84-89532

Editorial de Santo Domingo S.A.
Av. Independencia 25
Santo Domingo
Tel. 685 2826

Editora Alfa y Omega
M Cabral 11
Santo Domingo

Editora Cosmos
Calle N no. 13, Fena
Santo Domingo

Editora y Distribuidora Nacional de Libros
Arzobisbo Nouel 80
Santo Domingo
Tel. 9 8222

Fundación Dominicana de Desarrollo
Mercedes 4
Santo Domingo

Instituto de Investigaciones histórica
José Reyes 24
Santo Domingo

Universidad Autónoma de Santo Domingo
Ed. Dr. Defillo, Ciudad Universitaria
Santo Domingo
ISBN 84-89527

Universidad Católica Madre y Maestra
Centro de Investigaciones
Autopista Duarte, Santiago de los Caballeros
Tel. 582 5105

P R I N T E R S

Juan Max ALEMANI
E. Henriquez 12
Santo Domingo

Blas de la Rosa
Yolanda Guzmán 105
Santo Domingo

El Caribe Editorial
Autop. Duarte, Km 7 1/2
Santo Domingo

P. A. Gomez
E. Tejera 15
Santo Domingo

Carlos F. de Moya
Mercedes 98-100
Santo Domingo

Julio D. Postigo e Hijos
José Reyes 50
Santo Domingo

C. por A. Taller
Larhal la Catolin 309, Apdo 2190
Santo Domingo

SELECTED LIBRARIES

Biblioteca de la Universidad Autónoma de Santo Domingo
Ciudad Universitaria, Apdo. 1355,
Santo Domingo
104,441 vols.

Biblioteca Municipal de Santo Domingo
Padre Billini No. 18
Santo Domingo

Biblioteca Padre Billini
Calle Duarte No. 6
Bani
28,000 vols.

Biblioteca Municipal Gabriel Morillo
Calle Antonio de la Maza, esq. Independencia
Moca
6,422 vols.

Biblioteca de la Sociedad Amantes de la Luz
España esq. Av. Central
Santiago de los Caballeros
18,000 vols.

B O O K S T O R E S

NOT AVAILABLE

Ecuador

Capital City: Quito

Area: 263,950 sq Km

Population: 9,922,514 (1987)

ISBN Prefix: 9978

Currency: Sucre

One of the largest libraries:

Biblioteca de la Universidad Central del Ecuador
Quito
170,000 volumes

Information about the book´s trade:

Cámara de Comercio de Quito
Avdas. República y Amazonas,
Casilla 202, Quito
Tel. 45 3011

Main cities, towns (and population):

Guayaquil	1,509,108
Quito	1,093,278
Cuenca	193,012

P U B L I S H E R S

Artes Gráficas Editorial
Casilla de Correo 1333
Guayaquil

Banco Central del Ecuador
Apdo. 339,
Quito

Cámara de Comercio de Quito
Diego de Almagro, Apdo. 685
Quito

Casa de la Cultura Ecuatoriana
Av. 6 de diciembre 332, Apdo. 67, Quito
Tel. 23 0260

Centro Interamericano de Artesanías y Artes Populares
Hermano Miguel 3-23
Quito

Compañía Editora del Ecuador
Salinas 841, C.C. 3358
Quito

Edicines Paralelo Cero
Av. 12 de Octubre 186, C.C. 1135
Quito

Editorial Labor del Ecuador S.A.
Portoviejo 105 y 10 de Agosto
Ed. Carrera, Quito

Editorial Interamericana del Ecuador S.A.
Av. América 542
Quito

Editorial La Salle
Guayaquil 1740
Quito

La Prensa Católica
Benalcazar 478, Apdo. 194
Quito

Museo Antropológico Antonio Santiana
c/o Universidad Central
Quito

Instituto Ecuatoriano de Folklore
Casilla de Correo 2140
Quito

COFIEC
Av. 10 de Agosto 1564, Apdo. 411, Quito

Su Librería
García Moreno 1172, Apdo. 2556
Quito

Universidad Católica del Ecuador
Departamento de Publicaciones
Av. 12 de Octubre 1076, Apdo. 2184
Quito
Tel. 52 9240

Universidad de Cuenca
Ciudad Universitaria, Apdo. 168
Cuenca

Universidad de Guayaquil
Departamento de Publicaciones
Apdo. 3637 Guayaquil
Tel. 39 2430

PRINTERS

Artes Gráficas
Venezuela 606-612
Quito

Comerciante
zAv. Olmedo 414
Guayaquil

Cromograf S.A.
Coronel 2207 PPB 4285
Guayaquil

Económica
Av. América 3747
Quito

Editorial Labor del Ecuador S.A.
Portoviejo 105 y 10 de Agosto, Edif. Carrera, CP 710-A
Quito

Imprenta Nacional
Palacio de Gobierno
Quito

Nueva
Apdo. 3224
Quito

Su Librería
García Moreno 1172, Apdo 2556
Quito

SELECTED LIBRARIES

Biblioteca Nacional el Ecuador
García Moreno y Sucre, Apdo 163
Quito
55,000 vols.

Biblioteca del Banco Central del Ecuador
Av. 10 de Agosto 600 y Checa
Casilla 339
Quito
48,000 vols.

Biblioteca Municipal
Casa de Montalvo, Apdo.75
Quito
12,500 vols.

Biblioteca Pública Municipal
Apdo. 202
Cuenca
50,000 vols.

Biblioteca General. Universidad de Guayaquil
Apdo. 3834
Guayaquil
Tel. 39 2430
50,000 vols.

B O O K S T O R E S

Librería de Ediciones Lumarso
G. Avilés 520 Piso 5,
Núcleo de Guayas
Tel. 51 7447

Librería Ariel
10 de Agosto 504 y Boyacá,
Núcleo de Guayas

Editorial Ariel Seix Barral S.A.
Río de Janeiro 214, Apdo. 3294
Quito
Tel. 52 5147

Librería El Ateneo
Milagro Núcleo de Guayas
Tel. 710177

Editorial Barra y Cia. Ltda.
Bolivar 245
Quito
Tel. 21 3671

Librería Carlos Correa Vizuete
Manuel Larrea 522 y Checa
Quito

Librería Central
Mejía 577, Casilla 2807
Quito
Tel. 51 6749

Librería Científica S.A.
Venezuela 658
P.O.Box 2905
Quito
Tel. 55 2854

Librería Cultura Mundial
Av. Olmedo 1521 y Boyacá
Tel. 40 7791

Librería Elite
Ballén 638 y G. Avilés
Núcleo de Guayas
Tel. 51 9733

Librería González
García Moreno 1206 y Luque
Núcleo de Guayas
Tel. 51 3641

Iberoamericana del libro
Tamayo 864 y Wilson, Casilla 518-A
Quito
Tel. 23 9763

Libri Mundi
Juan León Mara 851
Apdo. 3029
Quito
Tel. 23 4791

Librolandia
6 de Diciembre y Pazmino, edif. Parlamento Piso 2 of. 209
Quito

Librería Quito
Guayaquil 1555, Casilla 841
Guayaquil
Tel. 54 6963

Librería Tapia
Alborada Nz. B. D.
Núcleo de Guayas

El Salvador

Capital City: San Salvador

Area: 21,393 sq Km

Population: 4,913,000 (1986)

ISBN Prefix: 84 (shared)

Currency: Colón Salvadoreano

Biblioteca Nacional
8a. Av. Norte y Calle delgado
San Salvador
Tel. 21 6312
150,000 volumes

Information about the book's trade:

Cámara Salvadoreana del Libro
Calle Arce No. 423, Apdo. 2296
San Salvador
Tel. 21 7206

PUBLISHERS

Dirección de Publicaciones e Impresos
Ministerio de Cultura y Comunicaciones
17a. Av. S. 430 Frte. a Iglesia
Tel. 22 0665

Editorial Abril Uno
Edificio Morazán 202, 2o. P. San Salvador
Tel 22 4368

Editorial Altamirano Madriz S.A.
11 C. O. y Av. Cuscatancingo
Tel. 22 5555

Editorial Centro Gráfico S.A.
8a. Av. S. y 8a. C. O. 436
Tel. 22 7888

Editorial Salvadoreña de Educación Práctica
47a. Av. N. y C. P., 2506
Tel. 23 0635

Tipografía Central S.A. de C.V.
8a. Av. S. y 8a. C. O. 436
Tel. 22 7888

P R I N T E R S (San Salvador)

A. G. Repryssa de C. V.
Centro Comercial Ciudad Credisa, Local 3
C. Olomega, Soyapango
Tel. 27 3340

Artes Gráficas González
25a. Av. S. y 12a. C.P., 424
Tel. 21 0482

Aretes Gráficasa Publicitarias S.A.
Of. y Planta Blvd. del Ejército Nacinal,
Km. 5 C. Claper
Tel. 27 1149

Cajas e Impresos del El Salvador
Bo. Las Victorias, Av. Masferrer 7,
Ciudad Delgado
Tel. 26 3483

Etimisa
Prolongación C. Arce 2320
23 8961

Formatec S.A.
C. Antigua a San Antonio Abad.
Tel 26 9673

Imprenta Alas
Col. 5 de Nov. Pje. Torola 19
Tel. 25 6672

Imprenta Azteca
C. Guatemala 109, Plazuela Ayala
Tel. 22 o653

Imprenta Bach
A. José Simeón Cañas 3
Tel. 34 0302

Imprenta La Idea
Av. Cuscatancinco 115
Tel. 22 4153

Imprenta Nueva San José
3a. C. P., 3 Sta. Ana
Tel. 41 2847

Imprenta Quijano
C. Principal 35, Col. Las Delicias
San Marcos
Tel. 22 3738

Imprenta Rosales
15a. Av. S. 1110, Bo. Santa Anita
Tel. 21 0741

Imprenta Centro Offset
11 C. O. 103
Tel. 21 0919

Imprenta Chicasa
C. 5 de Noviembre y Pje. Putzeis 215
Tel. 25 3269

Imprenta El Salvador
1a. C. P. 412, San Migul
Tel. 61 1274

Imprenta Francia
10a. Av. N. y C. Don Bosco
Tel. 41 3742

SELECTED LIBRARIES

Archivo General de la Nación
Palacio Nacional
San Salvador
Tel.22 9418
1,500 vols.

Biblioteca Ambulante. Ministerio de Educación
8a. Av. Sur No. 15
San Salvador
25,000 vols.

Biblioteca Central de la Universidad de El Salvador
Ciudad Universitaria
San Salvador
91,000 vols.

Biblioteca del Ministerio de Relaciones Exteriores
Carretera a Santa Tecla
San Salvador
10,000 vols.

B O O K S T O R E S (San Salvador)

Librería Bautista
10 C.P. no. 124
Tel. 22 5770

Librería Central
6a Av. N. no. 107
Tel. 22 2498

Librería Cervantes S.A. de C.V.
9a. Av. Sur no. 114
Tel. 22 8579

Librería Clásicos Roxsil
6a Av. S. no. 1-6, Sta. Tecla
Tel. 28 1212

Librería Nuevo Mundo
67a. Av. S. no. 144, Local 5
Tel. 24 6221

Librería Pan de Vida
C. Arce no. 1038 Condom.
Tel. 22 8392

Librería Roxy
4a. Av. no. 237
Tel. 22 2710

Librería San Francisco
2a. C.P. no. 7, Cojutepeque
Tel. 32 0107

Librería Tecleña
2a C.P. y 4a. Av. S.
Tel. 28 3424

Librería y Papelería Americana
6a. Av. N. no. 137
Tel. 21 3016

Librería y Papelería Hispanoamericana S.A.
2a. Av. N. y 1a. C.O.
Tel. 71 0577

Librería y Papelería El Progreso
6a. Av. no.137

Librería y Papelería Ercilla S.A.
4a. Av. N. no. 119
Tel. 224406

Librería y Papelería La Fuente
4a. C.O. no. 3-12, Santa Tecla
Tel. 28 3637

Librería y Papelería Ibérica
29a. C.O. no. 410
Tel. 25 2828

Librereía y Revistas "El Quijote"
C. Arce no. 708
Tel. 22 2930

Librería y Papelería La Nueva Escolar
4a. Av. no.225
Tel. 71 4410

Papelería Moze
1a. C.P. no. 3216 Local 2
Tel. 23 9299

Guatemala

Capital City: Guatemala

Area: 108,429 sq Km

Population: 8,195,000 (1986)

ISBN Prefix: 84 (shared)

Currency: Quetzal

One of the largest libraries:

Biblioteca Central de la Universidad
de San Carlos
Ciudad Universitaria, Zona 12
Guatemala
200.000 volumes

Information about the book´s trade:

Cámara de Comercio de Guatemala
10a. Calle 3-80, Zona 1
Guatemala
Tel. 82681

Main cities, towns (and population)

Guatemala City	754,243
Escuintla	75,442
Quezaltenango	72,922

P U B L I S H E R S (Guatemala City)

Cámara de Comercio de Guatemala
10 C 3-80 Z1
Tel. 82 681

Ediciones América
12 Av. 14-55 "B", Zona 1
Tel. 51 4556

Ediciones Escolares S.A.
2 Av. 3-55 Z 1, Apdo Postal 2817
Tel. 53 6230

Ediciones Gama
10 C 1 - 41 Z 9
Tel. 36 2311

Ediciones Superiores
6 Av. 28 - 45 Z 11
Tel. 76 3544

Editorial Centroamericana S.A.
3 C 3 - 59 Z 1
Tel. 51 4458

Editorial Codelace
1 Av. 9 - 18 Z 1
Tel. 25 417

Editorial Kamar
4 Av. 8 - 63 Z 1
Tel. 53 8861

Editorial Piedra Santa
7a Av. 4-45 - Zona 1
Tel. 21 867

Editorial Plus Ultra S.A.
9 C 13 - 42 Z 1
Tel. 81 Ø4Ø

Editorial Visión S.A.
12 C 1 - 25 Z 1Ø
Tel. 32 1172

Escuela Para Todos
12 C 12 - 42 Z 1
Tel. 22 926

Fundación Cultural Ltda.
12 C 2 - Ø4 Z 9
Tel. 34 7429

Libros Time Life
12 C 3 - 23 Z 1
Tel. 53 8ØØ3

Nuestra Imprenta
8 Calle 6 - 43 Zona 7 Col. Landivar
Tel. 72 338Ø

Publicaciones Ferdyas S.A.
6 Av. 2Ø - 25 Z 1Ø
Tel. 37 Ø141

Publicaciones Vida S.A.
5 Av. 1 - 3Ø Z 1
Tel. 29 28Ø

P R I N T E R S (Guatemala City)

All
13 Calle 11-75, Zona 1
Tel. 51 5243

Alfil
7 Av. 3-33, Zona 4
Tel. 36 2919

Arte de Serografía Zimtek
Ø Calle 31-16, Zona 7 Col Utatían 1
Tel. 91 3658

Arte Gua
31 Av. "A" 4-Ø3 Zona 7
Tel. 91 3151

Bisel S.A.
Ruta 4 y Vía 6 6-6Ø, Zona 4
Tel. 32 437Ø

Centro Editorial Vile
Av. Simeón Cañas 5-31, Zona 2
Tel. 51 6779

De la Riva Hnos. S.A.
7 Av. 13-46, Zona 1
Tel. 34 2543

Ediciones Superior
6a.. Av. 28-45, Zona 11
Tel. 76 3544

Galton
19 Av. 15-22, Zonz 10
Tel. 37 3630

Imprenta Cosmos S.A.
6 Av. 1-59, Zona 4
Tel. 31 5978

Imprenta El Quetzal
11 Av. 73-71, Zona 1
Tel. 53 4034

Imprenta Fenix
11 Av. 17-24, Zona 12
Tel. 7316

Imprenta Gráfica La Torre
11 Av. 12-11, Zona 1
Tel. 53 3621

Imprenta Gutemberg
17 Calle 13-28, Zona 1
Tel. 8 1830

Imprenta Latina
1 Av. 2-19, Zona 9
Tel. 31 9312

Imprenta Nacional Impresora
7 Calle 11-48, Zona 1
Tel. 2 9173

Imprenta Rayo
23 Calle 227, Zona 3
Tel. 2 8106

Imprenta Riccoy
3 Av. 1-55, Zona 9
Tel. 32 2405

SELECTED LIBRARIES

Biblioteca de la Corte Suprema de Justicia
9 Av. 14-31, Zona 1
Guatemala
10,000 vols.

Biblioteca del Congreso Nacional
Av. 9-42
Guatemala
7,000 vols.

Biblioteca Nacional de Guatemala
Av. 7-26, Zona 1
50,000 vols.

Biblioteca del Banco de Guatemala
7a. Av. 22-01, Zona 1
Guatemala
38,000 vols.

B O O K S T O R E S

Area code:

Altamira S.A. (General)
13a. Calle no. 8-50
Tel. 27542

Artemis (General & Technical)
5a. Av. no. 12-11, Zona 1
Tel. 51 8876

Comercial Carleone (Office)
7a. Av. no. 1-50, Zona 4
Tel.36 3932

MultiServi (Office Equipment)
11a. Av no. 10-83, Zona 1
Tel. 53 8952

Edinter C.A. (Technical)
6a. Av. no. 7-24, Zona 9
Tel. 31 0064

Fátima (Schools)
3a. Av. no. 644, Zona 1
Tel.53-3662

Hispania (School & Office)
5a. Av. no. 14-46, Zona 1
Tel. 24114

La Ibérica (School & Office)
11a. Av. no. 8-26, Zona 1
Tel. 53 1011

Laper (Dist. & Import)
11a. no. 11-70, Zona 1
Tel. 53 2981

Librería Bautista de Guatemala
12a. Calle no. 9-54
Tel. 51 4516

Librería Lumen (Texts & Office)
9a. Av. no. 9-24, Zona 1, Guat.
Tel.51 ØØ32

Librería Platón (Antique & Modern)
12a. Av. no. 13-66, Zona 1
Tel. 53 5142

Librería y Papelería El Camino
Calz. Aguilar Batres no. 11-Ø4, Zona 11
Tel. 71 2522

Lib. y Pap. El Saber (Office & Drafting)
13a. Calle no. 3-14, Zona 1
Tel. 26913

Librería y Papelería Molino (General)
9a. Av. no. 9-14, Zona 1
Tel. 51 1574

Librería Vivian S.A. (Books & Press)
9a. Calle no. 12-37, Zona 1
Tel. 51 7326

Honduras

Capital City: **Tegucigalpa**

Area: 112,088 sq Km

Population: 3,826,200 (1985)

ISBN Prefix: **84 (Shared)**

Currency: **Lempira**

One of the largest libraries:

> **Biblioteca de la Universidad**
> **Nacional Autónoma de Honduras**
> **Ciudad Universitaria, Tegucigalpa**
> **Tel. 32 2189**
> **112,000 volumes**

Information about the book's trade:

> **Federación de Cámaras de Comercio**
> **e Industria de Honduras**
> **Blvd Centroamérica, Apdo. 17-C**
> **Tegucigalpa**
> **Tel. 32 8110**

Main cities, towns (and population)

Tegucigalpa	640,900
San Perdo Zula	429,300
La Ceiba	66,000

P U B L I S H E R S (Tegucigalpa)

Anco Editores
Bo. Las Granja Com.
Tel. 33 4287

Editorial Fuego Nuevo Cipotes
Crr. Suyapa Fte. Unah
Tel. 32 4638

Editorial Guaymuras
9A. Ed. Guillén 2P., 2Ø3
Tel. 22 5433

Editur, Ediciones Turísticas
Bo. La Granja Com
Tel. 33 4287

P R I N T E R S (Tegucigalpa)

Centro Tipográfico Nacional (CETTNA)
Col. Miraf. S.Prolong. O.A.Santa Cristina
Tegucigalpa
Tel. 32-3231

Companía Editora Nacional CENSA
Bo. La Paz. A. Cristobal C. 410
Tegucigalpa
Tel. 22 3453

Gráfico LIto Jet
3 A. 1-2C. 125 Com.
Tegucigalpa
Tel. 22-7914

Imprenta Bulnes S.A.
11 C. 9A. Com.
Tegucigalpa
Tel. 22 0510

Imprenta García
4 A. 1 2 C. N.O. 7
SPS.
Tel 22 5095

Imprenta Sierra
3 C.5-6 A. N.O. 26
SPS.
Tel. 53 1983

Imprenta Universal
Cjn. La Moncada 932
Tegucigalpa
Tel. 22 5473

Imprenta y Encuadernación "El Arte"
Bo. Lempira 15 C. 7-8 A.
Tegucigalpa
Tel. 22 5872

Industrias Gráficas S.A.
7 C. 1-2 A. S.O.3
SPS.
Tel. 53 1151

Lithopress Industrial S.A. de C.V.
Blvd. Suyapa Fte. a la Unah
Tegucigalpa
Tel.32 3093

Lopez & Cia.
6 a. C. No. 1153
Tegucigalpa
Tel.

SELECTED LIBRARIES

Archivo Nacional de Honduras
6a. Av. No. 408
Tegucigalpa
40,000 vpls.

Biblioteca Nacional de Honduras
6a. Av. Salvador ´Mendieta´
Tegucigalpa
55,000 vols.

Biblioteca del Ministerio de Relaciones Exteriores
Tegucigalpa
5,000 vols.

B O O K S T O R E S (Tegucigalpa)

Area code:

Arsenal Cultural Religiosa
La Plazuela 3C.11-12A, no. 1113
Tel. 22 7949

Book Village
Cent. Comercial Los Castaños 2P
Tel. 32 7108

Librería Bautista
4C. 9A. (Fte. a La Moda de Paris)
Tel. 22 2765

Librería Cultural Hondureña
Bo. La Plazuela 3C. no. 1209
Tel. 22 4528

Librería Molino
C. Puente Soberanía no. 129
Tel.22 3566

Librería Seráfica
3-4A 6-7C Com.
Tel. 22 7110

LKibrería Universal
3A 2C no. 133 Com.
Tel. 22 7536

Libros y Publicaciones S.A.
Ed. Cronfel 5A. 3-4C
Tel. 22 6824

Sociedad Bíblica de Honduras
1A, 2C. no. 128 Com.
Tel. 22 6555

Mexico

Capital City: México

Area: 1,9Ø8,691 sq Km

Population: 81,153,256 (1987)

ISBN Prefix: 968- 97Ø-

Currency: Peso mexicano

One of the largest libraries:

Biblioteca Nacional de México
Insurgentes Sur s/n,Centro
Cultural, Ciudad universitaria
Ø451Ø México, DF
1,ØØØ,ØØØ volumes

Information about the book´s trade:

Cámara Nacional de la Industria
Mexicana del Libro
Holanda 13, Col. San Diego,
Churubusco, Ø412Ø México
Tel. 688 2Ø11

<u>Main cities, towns (and population)</u>

Ciudad de México	9,191,351
Netzahualcóyotl	2,331,351
Guadalajara	1,9Ø6,145

P U B L I S H E R S

Aguilar Ediciones
Dinares 7, Col. Simón Bolivar
15410 México DF, México
Tel. 5510152
ISBN 968-7000

Alianza Editorial Mexicana S.A.
Calzada San Lorenzo Teronco no. 160
Col. Esther Echeverría Delgado
Ixtapalapa, 98960 México DF, México
Tel. 5823978
ISBN 968-6001

Anaya Editores S.A.
América no. 43, Colonia Moderna
03510 México DF, México
ISBN 968-453

Edicion3es Antorcha
Cuauhtémoc 1177, Col. Letrán Vallejo
CP 03650 México DF, México
Tel. 5750528

Editorial Azteca
Calle de la Luna 225, Col. Guerrero
06300 México DF, México
ISBN 968-6008

Cárdenas Editor y Distribuidor
Calle 9 no. 1197, Col. Aguilera
02900 México DF, México
Tel.355 0713
ISBN 968-401

Editorial Cinco Siglos S.A.
Miguel Angel de Quevedo 1020
México 21 DF, México
Tel.5440172
ISBN 968-404

Colofón S.A.
Norena no. 425, Col. del Valle
03100 México DF, México
Tel.. 6879707
ISBN 968-867

Espasa-Calpe Mexicana S.A.
Pitágoras 1139, Col. del Valle
México DF, México
Tel. 5755022
ISBN 968-413

Grupo Grolier
Crepúsculo no. 46, Col. Insurgentes, Cuicuilco, Del. Coyoacán
México DF, México
Tel. 6553511

Editorial Grjalbo S.A.
Calz. San Bartolo Naucalpán no. 282
Col. Argentina Pte., Apdo. Postal 17568
1141 México DF, México
Tel. 3584355
ISBN 968-419

Editorial Joaquín Mortiz S.A.
Tabasco no. 106, Col. Roma
Del. Cuahtémoc
06700 México DF, México
Tel. 533-1250
ISBN 968-27

Editorial Labor Mexicana S.R.L.
Orizaba no. 119, Col Roma
Del. Cuauhtémoc
México 7 DF, México
Tel. 5841433
ISBN 968-7215

Editorial M. Aguilar S.A.
Av. Universidad no. 757, Col del Valle
Ø31ØØ México DF, México
Tel 6886211
ISBN 968-19

Plaza & Janés S.A.
Dirección Amazonas 46 P.B., Col. Cuauhtémoc, Ø65ØØ México DF, México
Tel. 3539851
ISBN 968-856

P R I N T E R S

Tipografía Barsa S.A.
Pino 343, Local 71-72
México 4 D.F., México

Corporación de Servicios Gráficos S.A. de C.V.
Chihuahua 313, San Lorenzo, Tepaltiplán, Toluca, México

Editorial DIANA S.A.
Roberto Gayol 1219, esq. Tlacoquemécati
Colonia del Valle
Ø31ØØ México DF, México

Taller Gráfico de la Dirección de Bibliotecas y Publicaciones del Instituto Politécnico Nacional
Tresguerras 27
Ø6Ø4Ø México DF, México

Fuentes Impresores S.A.
Centeno 1Ø9
Ø981Ø México DF. México

Talleres Gráficos Imprelit
Agustín de Iturbide no. 57
Ø98ØØ México DF, México

Imprenta Madero S.A.
Avena 1Ø2
México 13 DF, México

Impresora Eficiencia
Emilio Carranza 88-3
CP Ø357Ø México DF, México

<u>Editorial Jus</u>
Plaza de Abasolo 14, Colonia Guerrero
México 3 DF, México

<u>Lito Van Dick</u>
Van Dick 105, Colonia Santa María
Nonoalco
01420 México D.F., México

<u>Litografía Cultural</u>
Isabel La Católica 922
CP 03410 México DF, México

<u>Razo Impresores</u>
Aldana 81, Local 11
México DF, México

<u>Talleres de Tipografía Diseño e Impresión S.A. de C.V.</u>
Durango 338, Colonia Roma
06700 México DF, México

<u>Editorial Tierra Nova S.A.</u>
San Francisco 1539
03100 México DF, México

<u>Yolva</u>
Comonfort 58-31
Col. Morelos Deldeg. Cuauhtémoc
06200 México DF, México

SELECTED LIBRARIES

Biblioteca Central de la Universidad Nacional Autónoma de México
Ciudad Universitaria
04510 México DF
300,000 vols.

Biblioteca de la Secretaría de Gobernación
Bucarelli 99
06699 México DF
45,000 vols.

Biblioteca del Congreso de la Unión
Edif. del ex-Convento de Santa Clara
Tacuba 29
México DF
116,000 vols.

Biblioteca Ibero Americana y de Bellas Artes
Palacio de Bellas Artes
México DF
20,000 vols.

Hemeroteca Nacional de México
Insurgentes Sur s/n, Zona Cultural.
Ciudad Universitaria
México 20 DF
250,000 vols.

B O O K S T O R E S (Mexico City)

American Book Store S.A.
Av. Madero 25 Zp 1
Tel. 512 0306

Casa del Libro
Av. Coyoacán 1955
Tel 604 7013

Comercial Herrero S.A.
Plaza de la Concepción no. 7
Tel. 529 8090

Librería Bellas Artes
Av. Juarez no. 18
Tel. 518 2917

Librería Betania
Independencia no. 36, Centro
México 06050, Tel.512 0206

Librería Ciencias
Av. Universidad 2079. Local 12
Tel. 658 9005

Librería del Abogado
Dr. Vértiz 136, Colonia Doctores
Tel. 578 8480

Librería Fama
M. A. de Quevedo no. 823
México 06060, Tel. 512 02

Librería Francesa
Reforma 250-A
México 06600, Tel. 533 2480

Librería Guadalupana S.A.
Isabel la católica no. 1C
Tel. 521 7515

Librería Hamburgo S.A.
Insurgentes Sur no. 58
México 06600, Tel. 514 5086

Librería Imágenes
Doncellas no. 78
Tel. 512 9338

Librería Interacadémica
Av. Sonora 206, Col. Hipódromo
México 06100, Tel. 584 2511

Librería y Papelería Latina
Mesones 145-A, Centro
Mexico 06090, Tel. 542 3803

Librería Parroquial de Clavería
Floresta 79
Mexico 02080, Tel. 396 7027

Librería Porrúa Hnos. & Cia.
Argentina y Justo Sierra
México 06020, Tel. 542 9500

Librerías del Sótano
M. A. de Quevedo no. 209, Coyoacán
Tel. 554 1411

Nicaragua

Capital City: Managua

Area: 120,254 sq Km

Population: 3,272,000 (1985)

ISBN Prefix: ----

Currency: Córdoba

One of the largest libraries:

Biblioteca Nacional
Apdo. 101
Managua
70,000 volumes

Information about the book´s trade:

Cámara de Comercio de Nicaragua
Frente a Lotería Popular, Apdo 135
C. C. Managua
Tel. 70718

Main cities, towns (and population):

Managua	608,020

P U B L I S H E R S

Editorial Arteaga
Shell Las Brisas, 3 cuadras arriba
Tel. 66 2011

Editora Nuevo Amanecer
Pista P.J.Chamorro, C Km 4 Car. Norte
Tel. 4 11 90

Editorial El Arte Gráfico
Iglesia Santa Faz 1 1/2 c abaj. Bo.C.Rica
Tel. 4 10 70

Editorial El Mundo
Calle La Calzada no. 208
Tel. 22 03

Editorial Lacayo Alemán
Km. 10 1/2 Carretera Sur
Tel. 5 86 04

Editorial Somarriba
Km. 11 1/2 Carretera de Masaya
Tel. 7 98 75

Editorial Nueva Nicaragua
Km. 3 1/2 Carretera Sur
Tel. 66 48 23

Editorial Vilma y Cia. Ltda.
Apartado 4087
Tel. 4 04 86

P R I N T E R S (Managúa)

Alfatec Industrial
Km. 7 Sur, Detras del Ed. COIP
Tel. 5 Ø366

Centro de Impresiones Ruiz
5 Santa María 15 vs. al lago
Apartado 4Ø87, Managua
Tel. 4 475Ø

Imprenta Roma
Cine Darío, 1 cuadra al algo y
1 1/2 cuadra arriba
Tel. 2 2487

Imprenta Walter Berrios
Entrada Colonia 1Ø de Junio
3 c al S 1 c arriba
Tel. 4 1815

Impresiones Dimeco
Apartado 537Ø, Managua
Tel. 3 1262

Impresiones Instantáneas S.A.
c.c. Managua Sección C-58
Tel. 7 2711

Impresores Guerrero
Apartado 3773, Managua
Tel. 66 2492

Los Muchachos
Apartado no. 4975, Managua
Tel. 7 46Ø9

Miguel Selva
Bello Horizonte Q-1-2, Apartado 4797
Tel. 4 1972

OffiPrint
Puente de la "Fosforera", 1 cuadra abajo
y 1 1/2 cuadra al sur
Tel. 66 4301

Sellonic
Apartado 5398, Managua
Tel. 4 1303

SELECTED LIBRARIES

Archivo Nacional de Nicaragua
Apdo. 2087
Managua
Tel 23240
40,356 vols.

Biblioteca Central de la Universidad Nacional Autónoma de Nicaragua
León
36,000 vols.

Biblioteca Municipal
Nagarote
León

Biblioteca Económica y Financiera

B O O K S T O R E S

Librería Americana
Frente a productos Briomol, Esteli
Tel. 27 52

Librería Conny
Esquina Norte de la UNAM, León
Tel.2101

Librería Dina
Costado N. Mcdo. Ctral. 10 vs.arr., León
Tel. 2487

Librería Antorcha
Banic 1 cuadra abajo, León
Tel.52 04

Librería González
Centro Comercial Managua, Sec.C-47
Tel. 7 0431

Librería Ley
C. C. Managua C-55
Tel. 7 55 04

Librería Kiosco Revolución
Terminal de buses de Masaya
Tel. 9 74 94

Librería Comercial Gutierrez S.A.
Bello Horizonte A-IV-36
Tel. 4 49 03

Librería Independencia
C.C. Managua Secc. C-38
Tel 5 01 34

Panama

Capital City: Panama

Area: 77,Ø82 sq Km

Population: 2,274,448 (1987)

ISBN Prefix: 84 (shared)

Currency: Balboa

One of the largest libraries:

Biblioteca Interamericana Simón
Bolivar. Etafeta Universitaria
Panamá (Biblioteca de la
Universidad de Panamá)
262,348 volumes

Information about the book´s trade:

Cámara de Comercio Industrias y
Agricultura de Panamá
Av. Cuba 33a-18, Apdo. 74
Panamá 1
Tel. 25 4615

Main cities, towns (and population):

Panama City	389,172
Colón	59,84Ø
David	5Ø,Ø16

P U B L I S H E R S

American Sales Enterprises
Av. Federico Boyd, 4D-50
Tel. 63 8702 Pma.

Editora Perez y Perez S.A.
Cl. 1 Vista Hermosa Pma.
Tel. 61 4410

Focus Publications INT.
Ed. El Bayano, P. Baja
Cl. 55, El Cangrejo, Pma.
Tel. 69 6595

Edinorma Internacional S.A.
Edificio Banco de Boston, Piso 7 703
Öel. 23 9655

Editora Barriles S.A.
Cl. 27 Este y Av. Jto Aros Pma.
Tel. 25 5727

Editora Géminis S.A.
Diagonal a Motorel, Vía Fdez de Córdoba
y Cl 7a. V Hsa.
Tel. 61 0559

Empresas Leneza S.A.
Av. Cuba y Cl. 34 Pma.
Tel. 25 4594

General Telephone Directo C.A.
Ed. Páginas amarillasa, P. Urracá
Cl. 46 y Cl. Colombia, Pma.
Tel. 27 4233

PRINTERS

Arosemena, B.
C. J De La Ossa 31 Pma.
Tel. 28 Ø349

Artes Gráficas
Urbanización zcando
Tel. 61 17Ø4

Vediales S.A.
Ví España 16, Parque Lef, Pma.
Tel. 21 5247

Centro Litográfico
C. 3 Perejil 5, Pma.
Tel. 25 1788

Duplicentro Mayvonne S.A.
C. 62A Vía Porras, San Francisco, Pma.
Tel. 64 1996

Dutigrafia S.A.
Vía Transistmica y Frangiapani, Pma.
Tel. 27 Ø555

Editora Istmeña
Av. 4 Norte y C. 28 Final, Pma.
Tel. 25 338Ø

Editora Sibauste S.A.
C. Harry Heno, Pma.
Tel. 6Ø 1934

FESA
Vía José Domingo Diaz (Tocumen)
Apdo. 7596, Zona 5, Panamá
Tel. 2Ø ØØ11

Formas Universales S.A.
Vía Fdez De Cdba. C. 5, 8, Pma.

Imprenta Articsa
Av. Ecuador Calidonia, 4-50, Pma.
Tel. 25 4054

Imprenta Barcenas S.A.
Trans. y C. 2, Vta. Hermosa, Pma.
Tel. 61 0078

Imprenta Beluche
Av. B 8-21, Pma.
Tel. 28 6092

Imprenta Gonzalez S.A.
Av. Cuba y C. 28, Pma.
Tel. 25 8224

Imprenta Cervantes S.A.
Entrada del IJA Casino, Vía Corozal, Pma.
Tel. 27 0602

Imprenta Colón S.A.
C. 11 Av. Dgo. Diaz 2-014 Col.
Tel. 41 4525

Imprenta Edicano S.A.
Vía Fdez De Cdba.C 5, 8, Pma.
Tel. 61 8829

Imprenta Eneida
C. 9 Central y Meléndez 7-040, Col.
Tel. 411896

SELECTED LIBRARIES

Archivo Nacional
Apdo. 6618
Panamá
3,400 vols.

Biblioteca de la Oficina de Estudios del Canal Interoceánico
Apdo. 9650, Zona 4
Panamá
1,000 vols.

Biblioteca Nacional
Apdo. 2444
Panamá
200,000 vols.

BOOKSTORES

Area code:

Librería Alfa
Cl. Ricardo Arias L-H1 Pma.
Tel.69 1059

Librería Caribe
Av. B 21-42 Pma.
Tel.62 1166

Librería Claret
Av. Jto. Aros 36-04 Pma.
Tel. 25-4419

Librería Cultural Panameña S.A.
Av. 7 Central, T1-49 Pma.
Tel 22 2551

Librería El Estudiante
Av. Central 10-096 Col.
Tel. 45 0457

Librería La Garza
Av. José de Fábrega u Cl 47 Pma.
Tel. 23 6598

Librería Menendez S.A.
Vía Brasil y Vía España Pma.
Tel. 69 5948

Librería Preciado
Cl 53 Urb. Marbela Pma.
Tel. 63 8947

Librería Vida
Av. 11 de Octubre y Transistmica
Tel.61 8935

Paraguay

Capital City: Asunción

Area: 406,752 sq Km

Population: 3,807,000 (1986)

ISBN Prefix: 84 (shared)

Currency: Guaraní

One of the largest libraries:

Biblioteca y Archivo Nacionales
Mariscal Estigarriba 95
Asunción
44,000 volumes

Information about the book´s trade:

Cámara Paraguaya del Libro
Eduardo Victor Haedo 184, esq.
Nuestra Señora de la Asunción,
Casilla 1705 Asunción
Tel. 47053

Main cities, towns (and population);

Asunción	455,517
San Lorenzo	74,359
Fernando de la Mora	66,810

P U B L I S H E R S (Asunción)

Azeta S.A.
Yegros 745
Tel. 94 796

Centro Editorial Paraguayo S.R.L.
Ribebuy 469
Tel. 91 440

Continental S.A.
Av Artigas y Av. Brasilia
Tel. 292 211

Ediciones Epopoeya del Chaco
Ayolas 824
Tel. 96 276

Ediciones Imperial
Rep. de Colombia 1453
Tel. 22 414

Editora Hoy S.A.
Av. Mcal López
Tel. 660 383

Editorial Don Bosco
Tte. Fariña y Cap. Figari
Tel. 23 423

Editorial Técnica del Paraguay S.A.
Ntra. Sra. de la Asunción 244
Tel. 48 441

Editorial y Librería "El Lector"
25 de Mayo y Antequera
Tel. 91 966

El País S.A.
Benj.Constant 658
Tel. 43 360

Gráfica El Sol S.A.
Escalada 121
Tel.71 141

Intercambio S.R.L.
Humanitá 609
Tel.96 337

La Ley S.A. Editora e Imresora Indep.
Nacional 874
Tel. 94 413

Litocolor S.R.L.
Cap. Figari y Rca. de Colombia
Tel.203 741

Paediapar S.R.L.
Cero Corá 533
Tel. 04 197

P R I N T E R S (Asunción)

ARVI
Gral. Aquino 1111/19 c/Av. E. Ayala
Tel. 203 669

Casa América S.A.I.& C.
Chile 816
Tel. 92 892

Continente
Av. Gral. Santos c/24 de Mayo
Tel. 31 227

Edipar S.R.L.
Paraguarí 964
Tel. 47 334

Editorial La Voz
Iturbe 1169
Tel. 47 814

El Gráfico S.R.L.
Paraguarí 1546/47
Tel. 71 122

Flexopar S.R.L.
María Gonzalez 328
Tel. 503 425

Gráfica Imperial
Azara 1086 c/Brasil
Tel. 92 984

Gráfica Tacuarí
Tacuarí 1665
Tel. 72 878

Guarania
14 de mayo 419 c/Estrella
Tel. 48 916

Gutemberg S.R.L.
14 de Julio 335/41
Tel. 45 729

Imexo Asunción S.A.
México 885
Tel. 43 818

Imperio Propaganda
Acuña de Figueroa 946 e/Parapití y EEUU
Tel. 72 831

Imprenta El Arte
Alberdi 712 c/E. Victor Haedo
Tel. 44 602

Imprenta Nanawa
Av. de la Victoria 2210 c/Araucano
Tel. 502 682

Imprenta Nobel
Ibañez del Campo 438
Tel. 93 542

Impresos S.A.
Cap. Miranda 2690
Tel. 83 868

Industrial Gráfica Comuneros
Rojas Silva 1052
Tel. 23 596

Iporá
Montevideo 1437
Tel. 92 293

SELECTED LIBRARIES

Biblioteca de la Sociedad Científica del Paraguay
Av. España 505
Asunción
29,300 vols.

Biblioteca y Archivo del Ministerio de Relaciones Exteriores
Asunción

Bibliotca Pública del Ministerio de Defensa Nacional
Av. Mariscal López 1040
Asunción

B O O K S T O R E S (Asunción)

Librería Akira
L. A. de Herrera 573
Tel.49 661

Librería Almada
Urbanización Aranjuez
Tel. 31 375

Librería Andaluza
Av. Perú c/Rca. de Colombia
Tel. 23 284

Librería Barni Hnos. S.R.L.
L. A. de Herrera 192
Tel. 44 583

Librería Bautista
Av. Pettirossi 595
Tel. 23 753

Librería Campo Vía S.A.
Palma esq. Alberdi
Tel. 91 146

Librería Comercial Lilio
Lilio 1976
Tel. 661 Ø31

Librería Cosmos S.R.L.
Colón 243
Tel. 9Ø 235

Librería Delta
Chile 667
Tel. 95 2Ø2

Librería el Estudiante
Oliva 955
Tel. 90 084

Librería El Faro
Chof del Chaco 1418
Tel. 60 387

Libreria El Mundo
Chile c/Gral Diaz
Tel. 46 994

Librería Nizza S.A.
Pdte. E. Ayala 1073 c/Brasil
Tel. 25 440

Selecciones S.A.C.
Antequera esq. 25 de Mayo, Planta Alta
Tel. 49 322

Tecnilibro
Oliva 456
Tel. 43 186

Peru

Capital City: **Lima**

Area: **1,285,216 sq Km**

Population: **20,207,100 (1986)**

ISBN Prefix: **84 (shared)**

Currency: **Inti**

One of the largest libraries:

Biblioteca Nacinal del Perú
Av. Abancay 4, Cdra. s/n
Apdo. 2335
Lima
785,616 volumes

Information about the book´s trade:

Cámara Peruana del libro
Jirón Washington 1206, Of. 507-508
Lima 1
Tel. 32 5694

Main cities, towns (and population)

Lima	5,008,400
Arequipa	531,829
Callao	515,200

P U B L I S H E R S (Lima)

Abaco Publicaciones
Jr. Canta 633-1.`, La Victoria
Tel 31 4258

American Business S.A.
1308 Washington
Tel. 24 4106

Apoyo S.A.
Gonzales Larrañaga 265
Tel.45 5237

Artex Editores E I R L
271 T. Peñaloza
Tel. 23 7308

Carvisa Ediciones
Av. Alfonso Ugarte 1428
Tel. 28 7734

Consorcio Editorial Peruano S.R.L.
Carabaya 16-221
Tel. 27 5971

Ediciones Mundo 2000 S.A.
Zepita 423
Tel. 24 0982

Editorial Alfa S.A.
166 Psje. Peñaloza
Tel. 23 4160

Editorial Andina S.R.L.
440 Cuzco
Tel. 28 1071

<u>Editorial Escuela Nueva S.A.</u>
1181 Av. 28 de Julio
Tel. 32 2157

<u>Editorial Gráfica Marvella S.R.L.</u>
1769 Tacna
Tel. 62 1082

<u>Editorial Horizonte S.A.</u>
995 Av. N de Piérola
27 9364

<u>Editorial Kosta S.A.</u>
1080 Unión
Tel. 23 7960

<u>Editorial Liborio Estrada S.A.</u>
1080 Unión
Tel.23 7960

<u>Editorial Oveja Negra del Perú S.A.</u>
3039 Av. P. Thouars
Tel. 42 0595

<u>Editorial Renacimiento Peruano S.A.</u>
1091 Unión
Tel. 28 0522

<u>Editorial Universo S.A.</u>
2285 Av. N. Arriola
Tel.
24 1639

<u>Jalsa</u>
440 Cuzco
Tel. 27 2377

<u>Okura Editores S.A.</u>
355 E. Althaus
Tel. 71 6084

P R I N T E R S (Lima)

Gramisa - Gráfica Miura S.A.
117 P Drinot
Tel. 61 5360

MAN Roland
Av. Argentina 2415
Edificio Citeco
Tel. 52 8808

Abril Edtores e Impresores
2030 Gral. Varela
Tel. 31 5604

Asesores Técnicos y Gráficos
Av. Iquitos 272
Tel. 28 8785

Comercial Litográfica
Jr. Ica 1638
Tel. 31 7754

Diseño Gráfico Integral
Mrcal Miller 922
Tel. 24 7768

Editorial Sudamérica E.I.R.L.
852 Prolg Parinacochas
24 2821

Friba S.A.
1950 R. Portas Barrenechea
Tel. 24 0193

Imprenta Acevedo
246 Cailloma
Tel. 27 2292

Imprenta Centenario
1450 D. Elías
Tel. 45 1730

Imprenta Vidal
117 Psje los Descalzos
Tel. 82 1623

Librería e Imprenta Los Verdejos
717 Amazonas
Tel. 62 3232

Litografía Manix S.A.
242 J.P. Vizcardo y Guzman
Tel. 72 0087

Okura Editoras S.A.
355 Althaus
Tel. 71 6084

Tipografía Emily
870 Ica
Tel. 32 6749

Torre de Papel S.A.
642 Av. Abancay
Tel. 286438

Unión Gráfica S.A.
710 R. Cárcamo
Tel. 23 0304

SELECTED LIBRARIES

Biblioteca Central de la Pontificia Universidad Católica del Perú
Ciudad Universitaria. Av. Universitaria. Cuadra 18
Lima
250,000 vols.

Biblioteca Central de la Universidad Nacional Mayor de San Marcos
Apdo. 454
Lima
450,000 vols.

Biblioteca del Ministerio de Relaciones Exteriores
Palacio Torre Tagle
Lima
12,351 vols.

Biblioteca de la Universidad Nacional de San Agustín
Apdo. 23
Arequipa
430,000 vols.

Biblioteca Pública Municipal Piloto
Esq. Ruiz y Colón
Callao
48,312 vols.

BOOKSTORES (Lima)

Librería Epoca
Jr. Camaná 421 - Tda 117
Tel. 28 6689

CompañIa de Dist. y Rep. Generales
Carabaya 1143
Tel. 28 7015

Colville y Co. S. A.
156 Ucavali
Tel. 27 8280

Comercial "Luna"
Eduardo de Habich 282
Tel. 81 6592

Distribuidora Bolivar S.R.L.
Av. Bauzate y Meza 1228
Tel.32 0772

Distr. Librería El Porvenir S.A.
G. Prada 449 - Lima 34
Tel. 47 4271

Distribuidora Librería Venezuela
Esq. Av. Venezuela 1799
Tel. 23 4984

Distribuidora Los Jaspes
464 Las Amatistas
Tel. 72 7883

Distribuidora Navarrete S.A.
717 Amazonas
Tel. 62 3232

Manuel Bracamonte S.A. (Sopena)
Jr. Carabaya 1147
Tel. 28 4705

Nuevo Mundo
3959 Av. Brasil
Tel. 71 2428

Editorial Oveja Negra del Perú
3039 Av. P. Thouars
Tel. 42 0595

Imdico
733 Paruro
Tel. 28 4243

Librería Minerva
Miraflores, Av. Larco 299
Tel. 47 5499

Librería Anglo Americana S.C.R.L.
Av. O.R.Benavidez 386
Tel. 45 3897

Librería Ayza Credito Editorial S.A.
560 Unión
Tel. 28 7190

Librería Bazar El Padrino
447 J. Pilcomayo
Tel. 24 6735

Librería Bazar Manuelita
Av. Méjico 1719
Tel. 31 5220

Librería El Virrey
141 M Dasso
Tel. 40 0607

Portugal

Capital City: Lisboa

Area: 91,632 sq Km

Population: 10,291,000 (1986)

ISBN Prefix: 972

Currency: Escudo Portugés

One of the largest libraries:

> Biblioteca Nacional
> Campo Grande 83
> 1751 Lisboa
> Tel. 76 7786

Information about the book´s trade:

> Associaçâo Portuguesa dos Editores
> e Livreiros
> Av. dos Estados Unidos de América 97,
> 6o. esq
> 1700 Lisboa
> Tel. 889136

Main cities, towns (and population):

Lisboa (Lisbon)	807,937
Porto (Oporto)	327,368
Amadora	95,518

P U B L I S H E R S (Lisbon)

Assirio y Alvim, Coop. Editora y Livraria
CRL 67-B Pass Me.
Lisboa
Tel. 56 7743

Atica Editora S.A.
Av. 25 de Abril-Pontinha
Liaboa
Tel. 99 6026

Básica Editora SARL
36 r/c E Entrecamp
Lisboa
Tel. 77 9273

Círculo de Leitoires
Ger 22 Eng Paulo Barros
Tel. 709221

Contexto Editora Lda.
42-D-Pav-2 Ilha Terc.
Lisboa
Tel. 57 0082

Documentaçâo Escolar Lda.
116-B Damasc Monto.
Lisboa
Tel. 82 0185

Ediçôes Anuários Professionais Lda.
23, 2o-D Av S. João Deus
Lisboa
Tel. 80 9255

Editora Caravela Lda.
317 1o. Av. 5 Out.
Lisboa
Tel. 77 0397

Editorial Eva Lda.
9, 2o. Lg. Trind Coelho
Lisboa
Tel. 32 75Ø7

Editorial Pública Lda.
6-B Av Poeta Mistarl
Lisboa
Tel. 73 2233

Golden Books
15-2o A/B Anto. M. Cado.
Lisboa
Tel. 32 5832

Livraria Popular Francisco Franco Lda.
14/8 Barros Queir
Lisboa
Te. 86 4548

Lusodidacta Lda.
26 -r/c E Bernardim Ribo.
Lisboa
Tel. 52 3453

PRINTERS

Agencia de Publicações Ela Lda.
Av. Almirante Reis 132
Lisbôa 1

Anuarios de portugal Lda.
Rua Eliseo de Melo 28
4000 Porto

Gráfica de Coimbra
Bairro de S. José 2
Coimbra

Gráfica de Gouveía Lda.
Gouveía
Tour

Gráfica de Leiria
Lago Conego, Maia 7
Leiria

Gráfica São Gonçâlo Lda.
Trav. Estebao Pinto 6
Lisboa 1

Imprelivbro Imprensa e Livros SARL
Rua D. Pedro V7 1200
Lisboa

Imprensa do Douro
Rua de Serpa Pinto 24
Regua

Imprensa Geral
Rua das Chagas 2
Lisboa

SELECTED LIBRARIES

Biblioteca Central da Marinha
Praça do Império 1400
Lisboa
Tel. 61 6330
72,500 vols.

Biblioteca da Assembleia da República
Palácio de S. Bento 1296
Lisboa
Tel. 66 0141
82,000 vols.

Biblioteca Municipal Central
Palácio Galveias, Largo do Camo Pequeno
Lisboa
Tel. 77 1326
320,000 vols.

Biblioteca Municipal
Coimbra
84,101 vols.

BOOKSTORES (Lisbon)

Alfarrabista
44 Alecrim
Tel. 37 1857

Atica S.A.
17-A Alex Herc
Tel. 57 2656

Boa Lectura - Livraria Distribuidora
256-B Av Alm Reis
Tel. 89 1768

Camóes Livraria
137/41 Miser
Tel. 32 7272

Casa Nossa Senhora de Fátima
104-B Av Mq Tomar
Tel. 77 2749

Costa y Segurado Lda.
6-1j 15 Pç Alvalade
Tel. 80 7486

Amoreiras - Shopping-1j 2044
Av Eng Duarte Pacheco
Tel. 69 3286

Empresa Literaria Fluminense Lda.
145 Medal
Tel. 87 2166

Gioconda Livraria e Tabacaria Lda.
12-B Pç Junq-Carcav
Tel. 247 4656

Hipócrates Livros Técnicos Lda.
45 Av Pr Vit.
Tel. 57 1247

Livraria Alfonso Sanchez
31-r/c-D Af Sanch-Cascais
Tel. 286 5896

Livraria Bibliófila
102 Miser
Tel. 36 3476

Livraria Castil
Loja - Ed Castil 39-1j-L, 5o. Castilho
Tel. 57 6363

Livrria Cordeiro Lda.
10-A Pç D João 1 Bo. Janeiro
Tel. 493 9175

Livraria Mercado dos Livros
58/60-r/c Glór.
Tel. 36 3844

Livraria Paminu
1 Dr. Câmara Pestana-Odivelas
Tel. 982 2641

Novo Rumo Livraria e Decoraçôes Lda.
Linda a Velha
Tel. 419 7535

Parceria A M Pereira Lda. Livraria
Loja 44/54 Auga.
Tel. 36 6338

Rei dos Livros
77/9 Fanq.
Tel. 87 9755

Puerto Rico

Capital City: San Juan

Area: 3,423 sq mi.

Population: 3,273,600 (1896)

ISBN Prefix: 0-

Currency: Dollar

One of the largest libraries:

> **Library Services Direction,**
> **Department of Education**
> **Ave. Cesar Gonzales**
> **Hato Rey 00919**
> **1,500,000 volumes**

Information about the book´s trade:

> **Sociedad Puertoriqueña de Escritores**
> (Puerto Rican Society of Writers)
> Apdo. 4692, San Juan, Puerto Rico

Main cities, towns (and population):

San Juan	434,849
Bayamón	196,206
Ponce	189,046

PUBLISHERS (San Juan)

Caribe Grolier Inc.
Edificio First Federeal Sant.
Tel. 724 2278

Ediciones Huracán Inc.
1002 González Urb. Sta. Rita RP
Tel. 763 7407

Editorial Cordillera
157 O'Neill HR
Tel. 767 6188

Editorial Cultural Inc.
51 Robles RP
Tel. 765 9767

Editorial Universidad de Puerto Rico
Estación Experimental RP
Tel. 763 0812

Fondo Educativo Interamericano Inc.
Av. 75th Inf. Urb. San Antonio RP
Tel. 751 4830

Holt Saunders Inc.
San Francisco Shopping Center RP
Tel. 751 2035

McGraw Hill Caribbean
59 Del Pilar RP
Tel. 751 2451

Melcher Ediciones
9 Sol SJ
Tel. 724 1352

Modern Guides Company
804 Martí Sant.
Tel. 723 9105

Puerto Rico Almanacs Inc.
667 Hernandez Sant.
Tel. 724 2402

Salvat Editores de Puetto Rico Inc.
Carr. 2 V Caparra PV
Tel. 781 7878

Scott Foresman & Company
1506 Bon. Urb. Antonsanti RP
Tel. 758 0115

Sociedad de Ediciones Puertoriqueñas Inc.
403 12 de Octubre E Roosvelt HR
Tel. 764 4813

South Western Publishing Co.
1506 Bori Urb. Antonsanti RP
Tel. 764 0772

P R I N T E R S

A. C. Pronting Corp.
115 Tnte. Jorge Sotomayor
Tel.753 0557

El Litoral Printers
36-AX Boulevard Monroig Levittawn
Tel. 795 6712

Emaco Printers Corp.
245 Paris HR
Tel. 765 5011

Estudio Gráfico Universal Inc.
1861 Coronel Irizarri Sant.
Tel. 728 1269

FOX Printing
716 Ave. De Dego Pto. Nuevo PV
Tel. 781 3358

Hato Rey Printers
15 Dr. Gayco HR
Tel. 765 4102

Imprenta Exitos
1301 Calle 30 SO Cprra Terrace
Tel. 781 0095

Imprenta Lito Jare
351 Libertad Urb. Victoria RP
Tel. 765 4085

Prismacolor
10 Muñoz Rivera T. Alto
Tel. 755 5940

Publigraph de PR Inc.
195 Pacheco Bda. Israel HR
Tel. 751 5992

Raga Offset Printing Service
Calle 8 y 251 Robles RP
Tel. 767 0164

Río Piedras Gráfica Inc.
1121 Monseñor Torres RP
Tel. 767 2905

SELECTED LIBRARIES

Archivo General de Puerto Rico
Instituto de Cultura Puertoriqueña
Apdo. 4184, San Juan
36,000 cu tf storage

Carnegie Public Library
Ave. Ponce de León, Stop 2
San Juan, PR 00901
44,000 vols.

Library Service Direction
Department of Education
Av. Cesar Gonzales
Hato Rey, PR 00919
1,500,000 vols.

University of Puerto Rico
Mayagüez Campus, General Library
Mayagüez, PR 00708
360,013 vols.

Ponce Public Library
Anexo teatro La Perla
Ponce, PR 00731
20,000 vols.

B O O K S T O R E S (San Juan)

Almacenes y Librerías Cristianas Emanuel
16 Dr. Cueto Utuado
Tel. 894 1750

Bell Book
102 De Diego Sant
Tel. 728 5002

Cia Caribe Grolier Inc.
7 E Ramos Antonini Mgúez
Tel. 832 7101

Cultural PuertoriqueNa Inc.
253 McKinley Magüez
Tel. 834 5988

Cultural Puertoriqueña Inc.
Ponce - Ave. Fagot y Generalife
Tel. 840 6988

Librería Cristiana Susej
6 Mercedes Moreno Agdlla
Tel. 891 5080

Librería La Reforma
54 Roble RP
Tel. 765 1635

Librería Editorial San Agustín Inc.
Centro Servicios Municipales Mgúez
Teel. 833 9506

Librería El Quijote
63-N Post Mgúez
Tel. 832 4500

Librería Novedades
56-O Menendez Vigo Mgúez
Tel. 834 3333

Librería Selecta Inc.
1017-1019 Av. J. T. Piñero (Av.Central)
Tel. 783 4485

Marín Puerto Rico Inc.
389 Ponce de León RP
Tel. 765 6345

Servicio Bibliográfico Profesional
957 Palma Sant
Tel. 722 5373

Sociedad Ediciones Purtoriqueñas
9-0 Méndez Vigo Mgüez
Tel. 833 2730

Spain

Capital City: Madrid

Area: 499,542 sq Km

Population: 38,668,319 (1986)

ISBN Prefix: 84

Currency: Peseta

One of the Largest Libraries:

> Biblioteca Nacional
> Paseo de Recoletos 20
> 28001 Madrid
> Tel. 275 6800
> 4,000,000 vols.

Information about book´s trade:

> Federación de Gremios de Editores de España
> Juan Ramón Jimenez 45 9o. Piso Izq.
> Tel. 411 5713

<u>Main cities, towns (and population):</u>

Madrid	3,100,507
Barcelona	1,703,744
Valencia	732,491

PUBLISHERS

Abaco Ediciones
Lopez de Hoyos 146
Madrid 2
Tel. 4155470
ISBN 84-85226

Aguilare S.A.
Juan Bravo 38, Apdo. Postal 14241
Madrid 6
Tel. (91) 2763800
ISBN 84-03

Balmes Editora
Durán y Bas 9 y 11
Barcelona 2
Tel. 3179443
ISBN 84-210

Grijalbo S.A.
Deu y Mata 98
Barcelona 29
Tel. 3223753
ISBN 84-253

Ibera
Velazquez 130
Madrid 6

Monte Avila
Mallorca 79
Barcelona 15

Naranco S.A.
Mejía Lequerica 12
Madrid 4
Tel. (91) 4480926
ISBN 84-7112

Molinos de Agua
Almadén 19
Madrid 14
Tel. 2060606
ISBN 84-85761

Nova Terra S.A.
Bergara 3
Barcelona 2
Tel. 3182700
ISBN 84-280

Pirámide S.A.
Villafranca 22, Apdo. 50512
Madrid 28
Tel. (91) 2458202
ISBN 84-358

Prodel
Almirante 21
Madrid 4
Tel. 4191618
ISBN 84-85002

Publicaciones Cost
Av. de la Puerta del Angel 38
Barcelona 2

Salvat S.A.
Mallorca 41-49
Barcelona 29
Tel. (93) 3212400
ISBN 84-345

Ediciones VASCAS S.A.
Berminham 28
San Sebastián
ISBN 84-7513

PRINTERS

Arte Fotográfico S.L.
Don Ramón de la Cruz 53
Madrid 1
Tel. 2264828

Artes Gráficas Cobas S.A.
Numancia 75
Barcelona 29
Tel. (93) 2390209

Artes Gráficas Unicorn
Av. Peris y Valero 51
Valencia 26

Fonogram S.A.
Av. de América y Herández de Tejada
Madrid 27

Gráfica del Exportador
Caracuel 15
Jerez de la Frontera

Gráfica Nova S.A.
Ortega Nieto 3, Polig.
Los Olivares, Jaen
Tel. 228000

Gráfica S.A.
Sagasta 23
Madrid 4
ISBN 84-85943

Gráfica Urania
Mosquera 9
Málaga
Tel. 215702
ISBN 84-85606

SELECTED LIBRARIES

Biblioteca del Palacio Real
Palacio Real, Calle Bailén s/n
28071 Madrid
250,000 vols.

Biblioteca HispAnica (del Instituto de Cooperación Iberoamericana)
Av. de los Reyes Católicos 4
Ciudad Universitaria
28040 Madrid
500,000 vols.

Servicio de Publicaciones del Ministerio de Trabajo
Plaza Nuevos Ministerios
Madrid
80,000 vols.

Biblioteca de la Universidad de Barcelona
Gran Vía 585
08007 Barcelona
Tel. (93) 318 4266
1,100,000 vols.

Biblioteca de Menéndez Pelayo/Biblioteca Municipal
Rubio 6
Santander
Tel. 23 4524
45,000 vols.

B O O K S T O R E S (Madrid)

Area code:

Abad Soliveres, L. (General)
Vallermosa no. 75
Tel. 254 1816

Aguilar M. (General)
Goya no. 18
Tel. 275 0640

Asturasa Internacional (Science)
Cea Bermudez no. 65
Tel. 244 4440

Bautista Buenaventura (General)
Av. Gral. Perón no. 32
Tel. 455 2914

Blas Vega, J. (General)
E. Santo no. 42
Tel. 231 7971

Casa de la Troya (Texts)
Libreros 6
Tel. 221 9410

Credito Internacional (General)
Po. de La Habana no. 136
Tel. 250 5607

Diálogo (Books & Offices)
Fernando VI no. 5
Tel. 419 2542

Enrique (General)
Libreros no. 8
222 8088

Gymnos (Editorial, sports)
Gcia Paredes no. 12
Tel. 4478297

Hernando Editorial y Librería
Arenal no.11
266 4228

Librería Blazquez (Magazine)
Feijoo no. 4
Tel. 448 5382

Librería Diaz de Santos (Technical)
Lagasca no. 38
Tel. 225 5697

Librería Mundi-Prensa (Mag. & Imports)
Castelló no. 37
Tel. 435 7135

Librería Fuentetaja (Children & Foreign)
San Bernardo no. 34
Tel. 222 8080

Librería Paradox (Social Sciences)
Santa Teresa no. 2
Tel. 419 0692

Marban (bibliographical service)
Pl. Cristo Rey no. 2
Tel. 244 4409

Portela Lombardero
San Bernardo no. 35
Tel. 242 2814

Servicio Comercial del Libro
Hortaleza no. 81
Tel. 419 0486

United States

Capital City: Washington, DC

Area: 9,372,614 sq Km

Population: 243,249,000 (1987)

ISBN Prefix: 0-

Currency: Dollar

One of the largest libraries:

Library of Congress
Washington, DC 20540
Tel. (202) 287 5000
23,000,000 vols.

Information about the book's trade:

National Association of Independent Publishers
2299 Riverside Drive
P.O.B. 850, Moore Haven
Florida 33471
Tel. (813) 946 0293

Main cities, towns (and population):

New York	7,262,700
Los Angeles	3,259,340
Chicago	3,009,530

P U B L I S H E R S

Hispanic Institute in the United States
612 W. 116th St.
New York, NY 10027

Hispanic Policy Development Project
1001 Connecticut Av., Suit 310
Washington, DC 20036
Phone. (202) 8228414

Hispanic Seminary of Medieval Studies
3734 Ross St.
Madison, Wisconsin 53705
Phone. (608) 233 6952
ISBN 0-942260

The Hispanic Society of America
613 W 155 St.
New York, NY 10032
Phone. (212) 926 3602
ISBN 0-87535

Hispano
900 SW Park
Albuquerque, NM 87102
Phone. (505) 243 6161

Hispano-American Publications Inc.
45-57 Davis St.
Long Island City, NY 11101

P R I N T E R S

Graphic Arts
936 Lighthouse Ave., Pacific Grove
CA 94950

Graphic Art Project Inc.
7742 SW, Nimbus Bldg. 10
Beaverton, OR 97005

Graphic Crafts Inc
300 Beaver Valley Pike POB 324
Willow Street, PA 17584

Graphic Dimensions
25 Beekman Place
Rochester, NY 14620

Graphic Eye Press
4316 Steward Ave.
Los Angeles, CA 90066

Graphic Ideas Inc.
304 Westgate Blvd.
Autin, TX 78701

Graphic Press
POB 13056
Washington DC 20009

Printer Ink Associated
POB 8872
Saint Louis, MO 63102

Printery
22 Highgate Rd. St. Louis
MO 63132

SELECTED LIBRARIES

Los Angeles Public Library
630 West 5th St., Los Angeles
California 90071
Tel. (213) 612 3200
62 branches
5,388,480 vols.

Brooklyn Public Library
Grand Army Plaza
Brooklyn
New York 11238
Tel. (212) 780 7700
4,450,548 vols.

Free Library of Philadelphia
Logan Sq. Philadelphia
Pa 19103
Tel. (215) 686 5322

University of California Libraries
Berkeley
California 94120
20,673,153 vols.

Harvard University Library
Cambridge
Mass. 02138
10,929,899 vols.

BOOKSTORES

Ave María Community Book Center
12900 S Saratoga Sunnyvale
Rd. Saratoga
CA 95070
Tel. (408) 741 1511

Aztec Book Store
2415 S Vermont Ave., Los Angeles
CA 90007
Tel. (213) 733 4040

Grace Book Shack
13248 Roscoe Blvd, Sun Valley
CA 91352
Tel.(818) 909 5555

Bernard H. Hamel Corp.
10977 Santa Mónica Blvd, Los Angeles
CA 90025
Tel (213) 475 0453

Herard Hamon Inc.
P.O.Box 758, 721 W Bosotn Post Rd.
Mamaronek, NY 10543

Hispanic Society Book Shop
613 West 155th St. New York
NY 10032
Tel. (212) 926 2234

Independence Community College Book Store
College Av. and Brookside Dr. Box 708
Independence, KS 67301 (Portuguese)
Tel. (316) 331 4100

One Way Christian Book Service
1196 S Second Ave. San José
CA 95112
Tel. (408) 2877771

Pan American Book Agency
P.O.Box 1578, Kingsville
TX 78368-1578
Tel. (512) 592 4307

Unity Church of Christianity Bookstore
2929 Unity Dr. Houston
TX 77057
Tel. (713) 782 8320

US Catholic Book Store
205 West Monroe St., Chicago
IL 60606
Tel. (312) 236 7782

Vedanta Press & Bookshop
1946 Vedanta Pl., Los Angeles
CA 90068-3996
Tel. (213) 465 7114

Uruguay

Capital City: Montevideo

Area: 176,215 sq Km.

Population: 2,983,000 (1986)

ISBN Prefix: 84 (shared)

Currency: Peso Uruguayo

One of the largest libraries:

Biblioteca Nacional del Uruguay
18 de julio 1790, C.C. 452
Montevideo
Tel. 45030
900,000 volumes

Information about the book´s trade:

Cámara Uruguay del Libro
Calle Carlos Roxlo 1446,
1o. Casilla 2
Montevideo
Tel. 41 1860

Main cities, towns (and population):

Montevideo	1,246,500
Salto	77,400
Paysandú	75,200

PUBLISHERS (Montevideo)

Fundación de Cultura Universitaria
25 de Mayo 568
Tel. 96 1152

Gallup Uruguay S.A.
Río Negro 1308
Tel. 91 5622

Grijalbo Editor S.A.
Buenos Aires 280
Tel. 95 3838

Ibero Americana S.A.
J. Herrera YO 1195
Tel. 98 1759

Kapelusz S.A.
Avda. Uruguay 1331
Tel. 91 7553

Lafer S.A.
Juncal 1395
Tel. 96 3423

Los Mayas S.A.
Río Negro 1380
Tel. 90 0429

Promociones y Ediciones Panamericanas
Florida 1472
Tel. 98 1751

Sociedad Editora Uruguaya S.A.
C. Gardel 1062
Tel. 90 0019

P R I N T E R S (Montevideo)

Al Libro Inglés
Cerito 481
Tel. 95 6818

Alfagraf Ltda.
Anzani 2148
Tel. 807427

Alvarez Hnos.
Yaguar n1838
Te. 98 0324

Backer Hnos.
4 de Julio 3109
Tel. 78 2055

Carmelo Passaro
Gral. Pagola 1663
Tel. 20 9821

Contifor Ltda.
Marcelino Sosa 2830
Tel. 20-7231

Ecler S.A. Artes Gráficas
Mercedes 883
Tel. 98 5352

Editorial e Impresora Soriano
Soriano 1024
Tel. 90 4697

El Pinar Ltda.
Andes 1592
Tel. 91 7703

Fordan S.R.L.
Paysandú 1844
Tel. 49 7171

Gon Graf
Canelones 934
Tel. 98 5130

Gráfica Canadá Ltda.
Zabala 1281-83
Tel. 95 2945

Gráfica Ritz
Juncal 1425
Tel. 95 9907

Imprenta Rosgal
Gral. Urquiza 3090
Tel. 80 2507

Impresora Bia
Gabriel Pereira 2973
Tel 78-3814

SELECTED LIBRARIES

Biblioteca del Palacio Legislativo
Av. Libertador Brigadier General Lavalleja y Av. Gral. Flores
Montevideo
Tel. 40 9111
322,000 vols.

Biblioteca Municipal 'Dr Francisco Alberto Schinco'
8 de Octubre 4210
Montevideo
14,000 vols.

Biblioteca Pedagógica Central
Plaza Cagancha 1175
Montevideo
117,630 vols.

Biblioteca Pública Municipal
Florida, Uruguay
42,000 vols.

Biblioteca del Museo Histórico Nacional
Rincón 437
Montevideo
150,000 vols.

B O O K S T O R E S (Montevideo)

A. Monteverde y Cia. (books)
25 de mayo 577
Tel. 95 9Ø19

Albe Libros Técnicos (Imports)
Cerrito 566
Tel. 95 7485

Albreto Gandulia S.A. (Sationary)
18 de Julio 1716
Tel. 4Ø 7527

Barreiro y Ramos (General)
Avda. Gral Rivera 2684
Tel. 79 4Ø27

Centro de Literatura Cristiana
Avda. Uruguay 1344
Tel. 98 ØØ16

Distribuidora Oriental de Ediciones
25 de Mayo 391
Tel. 95 3345

Ediciones Pueblos Unidos - Librería EPU
Colonia 1191
Tel. 98 2513

Editia Libraría (Technical, Professional)
Bartolomé Mitre 1377
Tel. 95 9759

Editorial Medina Ltda. (Salvat)
Gaboto 1521 esq. Colonia
Tel. 48 41ØØ

Editorial Técnica Interamericana
(Technical, imports)
Avda. Italia 2574
Tel. 8Ø 9848

Editorial Técnica S.R.L.
Eduardo Acevedo 1466
Tel. 41 3746

El Mundo de los Libros
Rivera 1981
Tel. 41 7229

Feria del Libro
18 de Julio 13Ø8
Tel. 9Ø 4248

Fundación de Cultura Universitaria
25 de Mayo 568
Tel. 96 1152

Librería Agropecuaria PERI
Alzaibar 1328
Tel. 95 4454

Librería Linardi y Risso
Juan C. Gómez 1435
Tel. 95 7328

Libreria Medica Editorial
J. P. Brito Foresti 3Ø27
Tel. 8Ø 2694

Librería Papelería Pocho
8 de Octubre 3172
Tel. 81 5463

Librería Rubén
Larravide 2545
Tel. 58 9117

Venezuela

Capital City: Caracas

Area: 912,050 sq Km

Population: 18,272,157 (1987)

ISBN Prefix: 980

Currency: Bolívar

One of the largest libraries:

Biblioteca Nacional
Apdo. 6525, Av. Universidad
Caracas
Tel. 92 2420

Information about the book´s trade:

Cámara Venezolana del Libro
Av. Andrés Bello, Centro Andrés Bello
Torre Oeste, 11o. Of. 122-0
Apdo. 51858
Caracas 1050-A
Tel. 782 2711

Main cities, towns (and population):

Caracas	3,310,236
Maracaibo	1,330,215
Valencia	1,180,820

P U B L I S H E R S (Caracas)

Alfa y Omega S.A. (Servicio Educativo)
Qta. Lago Cl. Madariaga - L. Chaguaramos
Tel. 661 3591

Cardenal Ediciones S.A.
S-2 Apartado 4121, Caracas 1010
Tel. 81 9381

Centro de Lectores
Qt. Corazón de Jesus
Av. Michelena Santa Mónica
Tel. 662 6166

Compañía Editorial Continental S.A.
Cruz Vde. A. Velásquez 7
Tel. 545 1516

Ediciones Actualidad Torán
Cen-Res Salas P. B.
L3 Salas a C. de Agua.
Tel 82 3214

Ediciones Delta C.A.
Ed. Cassel - P.A. Local A
Av. Ppl. Clnas B. Mitre
Tel. 752 8272

Ediciones María di Mase
Q-Eva-1a. Av Altamira Sur
Tel. 31 5167

Ediciones Panamericanas E.P. S.R.L.
Ed. Freites, 2o. piso, Los Caobos
Tel. 782 9891

Editorial Diana Venezolana C. A.
Calle Capitolio. Ed. Indelca, Piso 1
Tel. 239 6932

Editorial Jurídica Venezolana
Av. Francisco de Miranda, Ed. Galipán
951 4558

Editorial Kapelusz Venezolana S.A.
Av. Cajigal, entre Panteón y Roraima
Quinta "K" no. 29
Tel. 51 7601

Editorial Sopena Venezolana y Cia S.A.
Alcabala a Pte. Ansuco, Ed. An-Vi
Tel. 572 6843

Reinaldo Godoy Editor
Calle Sucre, Ed. Don Emilio, Sótano
Tel. 2614859

Enciclopedia Britanica - Enciclopedia Barsa
Ed. Exa, Piso 3, Of.. 312, Av. Libertador
Tel. 32 1971

Oscar Todtmann Editores C.A.
Av. Libertador, Centro, Cmal El Bosque
Urbanization El Bosque
Tel. 74 6264

Veloz y Asociados C.A.
Ed. AVP, Av. Andrés Bello
Tel. 781 7411

Formateca
Av. Zulia, Urb, Santa Cruz, Pl. 4
Tel.3 1509

P R I N T E R S (Caracas)

Artiprint C.A.
Centro Comercial El Trebol, 2o. Piso
Local C-4 Av. Rómulo Gallegos
Tel. 34 8258

Litografía Radiante S.A.
Ava. Aragua Este, entre Avs. Bermúdez y Fuerzas Aéreas
Tel. 34 7532

Montana Gráfica C.A.
Final Av. principal de Boleíta Norte
Caracas
Tel. 35 3577

Gráfica ACEA C.A.
C. Mars, Ed Río Orinoco P. 3 Boleíta Sur
Tel. 239 0041

Gráficas Cataluña
Edificio Aranjuéz, Local 1 y 2
San Agustín del Norte
Tel. 575 0931

Impresos Alfa
Qta. Virginia - No. 18, Av. Panteón, San Bernardino
Tel. 52 8326

Arlit de Venezuela C.A.
Av. Ppal. La Tinaja, Edif. Rodney
El Llanito, Caracas
Tel. 22 6813

Corpográfica S.R.L.
Av. El Mango Qta. Málaga, Urb San Antonio
Sba. Grande, Caracas 1050
Tel. 781 2910

Litografía Eizmendi C.A.
Calle "E", Boleita Norte
Caracas
Tel. 35 o366

Lor-Dom S.R.L.
Av. El Cristo No. 36 (entre calles
Internacional y 2a.
Tel. 89 5206

Editorial Color
Calle Las Mercedes No. 33, Chacao, Edif
Miranda
Tel. 261 2999

Gráficas Profesional Beggio
Calle Miranda No. 17
Zona Colonial Petare
Tel. 21 4168

SELECTED LIBRARIES

Biblioteca Central de la Universidad Católica ´Andrés Bello´
Urb. MontalbAn, La Vega, Apdo. 29068
Caracas
11558 vols.

Biblioteca Central de la Universidad Central de Venezuela
Ciudad Universitaria. Los Chaguaramos
Caracas
Tel. 662 8427
280,000 vols.

Biblioteca ´Marcel Roche´ del Instituto Venezolano de Investigaciones Científicas
Altos de Pípe Km 11, Carretera Panamericana, Apdo. 1827
Caracas
Tel. 681 1188
400,000 vols.

Biblioteca Central del Ministerio de Agricultura y Cría
Centro Simón Bolivar Torre Norte 15o.Piso
Caracas
70,000 vols.

Biblioteca de la Universidad de Zulia
Apdo. de Correos 526
Maracaibo
19,000 vols.

BOOKSTORES (Caracas)

Alfa y Omega S.A.
Qta. Lago-Cl Madariaga-L. Chaguaramos
Tel. 661 3591

Biblio Técniaca S.R.L.
Cen Rs Galante Av. Ppl.L Urbina
Tel. 241 4837

Centro de Orientación Filosófica
Ed. Doral México Eq.Pte.-Av. México
Tel. 575 0391

Librería Médica París
Gran Avenida Edf. Médica Paris
Tel. 782 1464

Entrelibros S.R.L.
2a. Av Los Palos Grandes entre 2a y 3ra.
Tel. 283 1424

Leoncito Librería Infantil S.R.L.
Marrón a Pelota Ed. Yonekura, Piso 4
Tel. 561 7515

Librería Centro Paulina
Caracas 1010-A Apdo. 3036
Tel.82 3340

Librería La Lógica C.A.
Centro Plaza Páez P.B., Local 2
Tel. 843 7035

Librería Lectura S.A.
Centro Comercial Chacalto, Local 129
Tel. 71 9607